U0345034

宇宙的规则

The Rule of Universe

决定论 or 随机论

Determinism　　or　　Stochasticism

胡先笙 / 著

北京时代华文书局

图书在版编目（CIP）数据

宇宙的规则 / 胡先笙著 . -- 北京 ：北京时代华文书局，2018.11
ISBN 978-7-5699-2660-6

Ⅰ . ①宇… Ⅱ . ①胡… Ⅲ . ①物理学—普及读物 Ⅳ . ① 04-49

中国版本图书馆 CIP 数据核字（2018）第 239121 号

宇 宙 的 规 则
Yuzhou de Guize

著　　者 | 胡先笙

出 版 人 | 王训海
选题策划 | 高　磊
责任编辑 | 余　玲　高　磊
封面设计 | 天行健设计
版式设计 | 段文辉
责任印制 | 刘　银

出版发行 | 北京时代华文书局 http://www.bjsdsj.com.cn
　　　　　北京市东城区安定门外大街 136 号皇城国际大厦 A 座 8 楼
　　　　　邮编：100011　电话：010 - 64267955　64267677
印　　刷 | 固安县京平诚乾印刷有限公司　　0316 - 6170166
　　　　　（如发现印装质量问题，请与印刷厂联系调换）
开　　本 | 787mm×1092mm　1/16　印　张 | 16　字　数 | 245 千字
版　　次 | 2019 年 6 月第 1 版　印　次 | 2019 年 6 月第 1 次印刷
书　　号 | ISBN 978-7-5699-2660-6
定　　价 | 58.00 元

《宇宙的规则》序

胡先笙的科普音频节目是我最爱听的节目之一。每次发现胡先笙更新，我都会迫不及待地在第一时间收听。但大多数时候，听完节目，我总是会留下一些难以言说的"痒痒"，因为听音频与看文字相比，有一些天生的缺陷。例如，一行数学公式，或者一个图形，如果只能靠嘴念出来，听众理解起来就有一定困难。而胡先笙的节目中就经常会提到数学公式和图形，每次听到这类节目，我就会想，要是胡先生的所有节目结集成一本书那该多好。在夏日的夜晚，我洗好澡，吹着空调，舒舒服服地躺在床上，拿起这本书，细细地品味物理和数学带给我的愉悦。为了满足自己的这点私念，我用略带"恐吓"的语气对北京时代华文书局资深图书策划人高磊老师说："高老师，我建议你赶紧去抢胡先笙的书稿。我用咱们10年的合作感情做担保，这是一本难得的好书，一定要快，忘掉你们出版社的那些繁文缛节吧，先把合同签了再看书稿。"高老师是中国好策划、好伯乐，她没有让我失望，以最快的速度抢到了胡先笙的书稿，并且以最快的速度上了流水线。

在我看来，看"科普书"原因有这么几条：1. 获取准确的科学知识指导自己具体的行为；2. 满足人类与生俱来的好奇心；3. 激发自己学习科学的兴趣；4. 重塑自己的三观；5. 提高自己在社交中的表现能力。

当然，原因可以分为5条，但并不是说一个人的需求就只是其中的一种，在大多数情况下，每个人的需求都是这5条的叠加态，只不过各自的侧重点有所不同。

我想，最能满足第一条需求的作者当属科学家型的科普作者，例如霍金博士和我国的李淼教授。但对于其他4条需求，像胡先笙这样的科普作者，就具备很大的优势。因为，胡先笙是数学学士、物理学硕士、历史学博士，胡先笙也是我认识的人当中少有的学贯中西、博古通今的知识分子。我不喜欢恭维一个人，但对胡先笙我是真心这么觉得。而且，胡先笙还有一种可能是与生俱来的幽默感，这对于科普创作来说，太重要了。

实际上，这本书中的大多数知识点我都已经很熟悉了，但我依然爱看。为什么呢？《万物简史》的作者比尔·布莱森很好地替我回答了这个问题，他对科普写作的价值有一段非常精辟的论述：

"贝特有一次问自己的物理学家朋友杰拉德：'你为什么要坚持写日记呢？'杰拉德说：'我并不打算出版，我只是记录下一些事实给上帝参考。'贝特又问：'难道上帝不知道这些事实吗？'杰拉德回答说：'上帝当然知道，但他不知道我这样描写的事实。'"

科普的魅力之一就在于表现方式。同样是讲数学中的混沌理论，大概你们也只能在胡先笙的这本书中看到用历史典故来解释蝴蝶效应。假如本书的第一章早一点让美国科幻三巨头之一的阿西莫夫看到的话，他再下笔创造"心理史学"这门虚构的学科时，一定能写得更加具备理论高度，让科幻迷们看得更过瘾。

读者评价一本科普好书时，常常会用"深入浅出"来表达。而胡先笙的文章特点就是纵深极大，这种深入的能力绝不是一个普通的科普作者能达到的。本书的第六章"引力波与相对论"最能体现胡先笙深入浅出的功力。我也写过一本讲相对论的科普书《时间的形状》。因此，我深知要像胡先笙这样把引力波的概念解释得如此深入，又如此浅出，必须具备极其过硬的物理知识和数学知识以及过人的表达能力。同时具备这两项条件的人，实在不多。

我喜欢听胡先笙的节目，看胡先笙的书，但这并不代表我认同胡先笙表达出的每一个观点。我想，任何人都不应该丢掉自己独立思考的能力。举个例子来说，胡先笙有着深厚的东方哲学功底，他能从现代科学理论中寻找到东方哲学之所以伟大的佐证，他写道：刚才说的Li-York定理，庞加莱定理，Ruelle-Takens定理，非专业人士自然不太懂。但会有一个感觉，混沌与"三"有关、与无穷有关。老子曰：道生一，一生二，二生三，三生万物。为什么是三生万物，而不是四生万物？以上各种定理告诉我们，"三"中已经蕴含一切和无穷，蕴含了混沌，也就是蕴含了宇宙万物。

胡先笙似乎告诉我们，老子的哲学已经预示了"三"蕴含着混沌。而我个人的观点则是，这仅仅是一个巧合而已。再比如，胡先笙是一个决定论者，而我则是一个随机论者。

不过，虽然有一些观念上的不同，但这完全不影响我阅读本书的快乐。恭喜你从茫茫书海中翻开了本书，这是你、我和胡先笙共同的幸运。

汪诘

2019.1

前言

年轻的时候，我从来没想过成为一名科普作家，但常常想把自己刚学到的知识分享出去，无论是科学的、哲学的，还是历史的。尤其读了理论物理专业的研究生后，自感接触到一片新奇的世界，总想把大自然的神奇说给旁人听，有时甚至不顾及对方的感受。

研究生毕业后，我在西北工业大学当了三四年老师，给大学生讲授热力学、统计物理、量子力学等课程，算是过了一把分享科学知识的瘾。随后又投身社会，进而出国移民，去感受国内外社会生活的各种精彩，自然科学渐渐淡出了我的视野，我更多地去观察社会、感悟人生，开始对人文学科发生了浓厚兴趣。回国后，一面在新东方讲授 TOEFL、GRE、GMAT，同时去攻读历史学博士。

读博士期间，我大量接触了各种人文知识，这令我非常兴奋，我急于想把这些新知识分享出去。恰在此时，自媒体 PAGE SEVEN 的创始人容千出现了，邀请我在他们电台做节目，我欣然应允。有了这样的播客平台，我就可以更广泛地分享知识、传播思想。由此，我以"PAGE SEVEN 胡先笙"的名号在喜马拉雅、网易云音乐、podcast 等平台不断地输出节目、分享知识。

最初，我的想法是主要讲历史，但当年受到科学的熏染太深，再加上听众的不断诱导，栏目最终转变为以科学类为主、人文类为辅的格局。做节目很辛苦，毕竟多年没有接触物理，一点一点捡起来不容易，但内心想要分享知识的愿望，不断驱动着我。尤其是众多听友不断鼓励，也令我欲罢不能。记得有天早晨起来，听到 LIGO（激光干涉引力波观测站）发现引力波的重大新闻，我相当激动；打开微博一看，就更加激动了，因为很多听众都留言，要我一定要讲讲引力波，其中一位写道："听到引力波的消息，我首先想到的不是爱因斯坦，而是胡先笙。"那一刻，我觉得有一种使命感，要让大家真正了解引力波。

不知从何时起，著名科普作家汪诘也成了"PAGE SEVEN 胡先笙"的热心听众，进而我们在微信中一起探讨科学、分享节目制作的经验，虽未曾谋面，但对科学的热爱、对科普的热衷将两个陌生人联系在一起。正是汪老师的建议，我才决意将节目结集成书，又经汪老师牵线搭桥，资深图书策划人高磊老师不断敦促和精心策划，《宇宙的规则》终于问世。

全书由七大篇章组成，从题目上看，这七章似乎是各自独立，但实际上一脉相承，一环扣一环，从一个重要的侧面展现了经典物理学到近代物理学的伟大历程，并着重挖掘了当今热点物理学问题，从物理学、数学、哲学、科学史等视角向读者展示了一个奇幻莫测的宇宙规则。

本书开篇《蝴蝶效应》，先以蝴蝶效应切入话题，渐次引入了混沌、分数维、自相似等有趣的物理概念；最后，还以明亡清兴为例，展现了在吴三桂、清军、李自成三方力量所形成的混沌系统中，一只翩翩小蝴蝶最终如何改变了历史的走向。文中还埋下了一个伏笔：蝴蝶效应对传统决定论的冲击。

第二篇《科言幻语聊〈三体〉》，虽然是借科幻小说《三体》来展开，实际上是对混沌理论的进一步探讨。首先展示了笔者阅读这本小说时的心路历程；然后又以物理专业人士的角度，对小说涉及的物理概念，尤其是三体问题进行了展开性分析，为大家呈现了一个比科幻更科幻的真实"三体"世界。另外，笔者还借着《三体》一书中所涉及的十一维空间，向读者介绍了超弦理论、超膜理论以及黑洞，并涉及了平行宇宙。这就为随后两章做好了铺垫。

因为混沌仍然是一个伪随机现象，所以蝴蝶效应只是冲击了决定论，并没有摧毁决定论，那么宇宙的规则到底是决定论的还是随机论的，第三章《宇宙的规则：决定论与随机论》对此进行了层层展开：从决定论的产生及兴盛，再到混沌冲击决定论，最终到量子力学（哥本哈根学派）对决定论的否定。这一章为本书的点睛之篇，也是最令读者深思的一章。

因为爱因斯坦坚信决定论，也因为量子力学与相对论有着根本性的抵触，所以爱因斯坦坚决反对哥本哈根学派对世界的解读，他与玻尔为此进行了多次论战，每次都以爱因斯坦的失败而告终，而且迄今为止的所有实验结果都不利于爱因斯坦的观念。

但引力波的出现再次验证了广义相对论，本书也顺势转向了对爱因斯坦理论的探究。因为第一次探测到的引力波是双黑洞合并，所以先安排了第四章《黑洞与平行宇宙》，将黑洞传奇般的形成及奇葩般的属性一览无余地呈现给读者。其中提到黑洞就是从爱因斯坦的引力场方程中所导出，这为其后讲解引力波埋下了伏笔，因为引力波也是从这个方程中所求得。

为了令读者更好地理解相对论、理解引力波，书中又专门安排了第五章《牛顿时空观和引力观的兴衰》，专门讲解了经典的时空观，同时指出牛顿虽然发现了万有引力，但并没有了解引力的本质，没有告诉我们引力到底是什么。由此为引出相对论做好了铺垫。

第六章《引力波与相对论》是全书的压轴之作，以八节的篇幅来告诉读者，如何真正理解引力波。文中系统而又通俗地展示了爱因斯坦从建立狭义相对论再到广义相对论的光辉历程，其中有思想的呈现、物理的展示、数学的解读，最终引出了爱因斯坦方程（引力场方程），进而从方程中求出一个解——是由正弦和余弦函数所构成，意味着这个解就是曲率波，也就是所谓的引力波，就是传说中的爱因斯坦预言了引力波。

新闻中反复说，LIGO、Virgo（"室女座"引力波天文台）探测到引力波，意味着广义相对论实验验证中最后一块缺失的"拼图"被填补了。这给人一种错觉，仿佛广义相对论已经是至善至美的终极真理。为消除这种错觉，本书最后一章《欠"挠"的广义相对论》专门指出广义相对论的欠缺：它只考虑了曲率，没有考虑挠率，只想着物质的质量会令时空弯曲，但没想到基本粒子的自旋还会令时空扭曲，这必然会令广义相对论是一个不完备的理论。其实，爱因斯坦方程只是某种特殊情况下成立的方程，只是某个更普遍方程的蜕化。就如同牛顿万有引力定律是弱场蜕化下的爱因斯坦方程一般。

总之，科学没有止境，科学是在质疑和否定中不断前进的，这就是全书所要展现的理性精神和科学风貌。

物理知识，尤其是近代物理，极其艰深，但笔者能将之转化为通俗易懂、引人入胜的语言，正是因为大道至简的宇宙规则、脑洞大开的自然规律。虽然是科普读物，本书却没有回避主要数学公式、核心物理方程，但读者不必完全理解这些数学符号，只要从中看出了气质、体会到了精神，就更能激发我们对神秘"宇宙规则"的向往，驱使我们去探究：宇宙的未来到底是早已注定的，还是随机发生不可预测的。

胡先笙

2019.6

宇宙 目录 /CONTENTS

的

规则

第一章
蝴蝶效应

Chapter
one

第一节　咖啡与混沌

"蝴蝶效应"大家应该相当熟悉，意思是说，巴西的一只蝴蝶振翅，会使美国德克萨斯州刮起一场龙卷风。但这到底是真是假，是信口雌黄还是确有科学依据，还需深究一番。提出这个概念的是美国人爱德华·洛伦兹，此人乃美国麻省理工学院气象学教授，致力于研究设计一种能够预测未来长期天气预报的数学模型。就是他提出了蝴蝶效应的概念，他是在哗众取宠吗？还是真的观察过很多巴西的蝴蝶，研究过美国的飓风，从而发现两者之间有着如此强烈的关联？其实，洛伦兹是个标题党，把一件很严肃很乏味的事情，表达得非常煽情。蝴蝶效应（Butterfly Effect），多么浪漫，多么魔幻，给人留下了无限想象空间，以至于这个词汇已经进入到我们的日常生活之中，我们动辄可以听到"蝴蝶效应"这个词。这到底有无科学依据呢？它和我们平时说的混沌现象又有什么关系呢？这正是本章需要向大家解释的。让我们从洛伦兹开始说起。

1959年的一天，他刚刚整出了一个简单的数学模型——三维微分方程组，准备借助计算机运用所谓数值迭代的算法，来推算两个月后的天气状况。当时的设备比较差，每推进一天要耗时一分钟，两个月就需要一个小时。算完一遍后，洛伦兹不放心，因为那时晶体管计算机容易出错，于是就再算一遍。当算到三十分钟时，也就是一个月时，他的咖啡瘾发作了，于是他终止了计算，但让计算机把中间结果打印了出来。等他买回咖啡后，将打印结果作为初始值输入计算机，令之继续计算，这样就避免了从头计算的麻烦。当洛伦兹很惬意地品着咖啡，欣赏着计算机不断输出的数据时，他的眼睛渐渐瞪大了，瞳孔也散开了。原来复算显示的第二个月的数据与第一次的计算出现了差距，而且差距越来越大，最终结果与第一次截然不同。

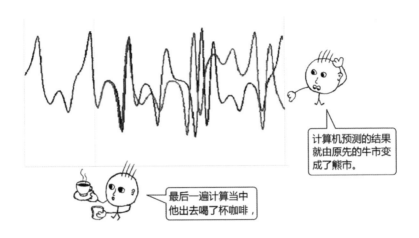

1-1 洛伦兹两次实验数据对比，数据初值差距仅为0.000127

同样的计算机用同样的方法计算同一模型，为什么两次结果迥然不同，难道是计算机坏了？洛伦兹最终发现，问题出在这里：第一次是连续计算的，而第二次中间喝了一次咖啡。这不是在开玩笑，洛伦兹买回咖啡后再输入的数值是中间的打印结果，小数点后面只有三位，而计算机内存中保留了小数点后六位。也就是说，从这一刻起，两次计算的起点值有差异了，尽管相差不到千分之一，但正是这个微小的差异导致结果天翻地覆的变化，形象点儿说，巴西的一个蝴蝶是否震动翅膀，决定了美国德克萨斯州是否发生飓风。太形象了，形象得以至于很多人都误解了蝴蝶效应的真正意思。若严谨一点儿表述，就是：系统对初始值的依赖极度敏感。

既然如此，这就意味着天气预报永远不可能对未来长期的天气给出准确预测，无论你这个数学模型有多么完善，采集的原始数据有多么精确，计算机有多么强大！由于系统对初始值太敏感，只要有微不足道的初始差异，最终结果就是颠覆性的。

洛伦兹最大的贡献还在于给这个现象起了一个煽情的名字——蝴蝶效应，这个形象的说法为其学说的传播奠定了基础。其实早在1885年庞加莱研究三体问题时，就发现了这个效应。所谓三体问题就是三个天体在万有引力的作用下，知道它们的初始位置，来计算它们在未来任一时刻的位置。庞加莱作为科学家可比洛伦兹厉害，但他不是标题党，所以没有引起科学家和公众的注意。

一、蝴蝶效应对传统决定论的冲击

讲到这里，有读者肯定要嘀咕，蝴蝶效应有什么，不就是我们的老话"失之毫厘，差之千里"吗？苏东坡有诗云："竹中一滴曹溪水，涨起西江十八滩。"这不过是一个很寻常的现象，为何会对当时的西方科学界产生巨大震动，甚至有人说它终结了经典物理学呢？

因为当时有一个传统观念："小的输入误差导致小的输出误差。"这样说有些专业，这样问大家吧，有人相信宿命论吗？从理论上讲，科学能够算命吗？我想很多人都会认为宿命论是迷信，那不科学。其实宿命论是相当科学的，尤其是特别符合经典物理学。在科学的语言中，宿命论又称为决定论，世间未来的一切都是决定好了的，不必庸人自扰、杞人忧天。当然你努力、你奋斗，那也是决定好了的，就像有些人游手好闲、无所事事，也是事先决定好了的。经典物理学真的是这样认为吗？大家在初中都学过牛顿第二定律，F=ma，说明在质量已知、外力确定，加上初始位置和初始速度的给定条件下，运动物体在任何时刻的空间位置都可被牛顿第二定律所支配的微分方程初值问题的解说唯一确定。牛顿理论的这个结果也非常符合我们的常识，凡事必有因，有因必有果。世界上没有无缘无故的爱，也没有无缘无故的恨，当你觉得一件事情纯属偶然的时候，其实是因为你不清楚其中的内在原因。

事实上，我们用经典物理理论成功地预测了日食、月食，因为我们通过建立数学模型，可以算出太阳、地球、月球在未来任一时刻的准确位置。这难道不就是响当当的决定论，或者说宿命论吗？那科学家为什么不能用经典物理学来给人预测呢？因为决定人生命运的因素太多、太复杂，科学家还没有能力建立这样一个庞大的微分方程组，也无法完整采集这些因素的准确初始值。

于是法国的拉普拉斯就说了：假如我们通晓了整个自然的法则，就能建立起一个无所不包的宇宙方程式，如果知道宇宙在某一瞬间初始状态的完全而精致的知识（如所有粒子的位置、质量、速度和方向等），就足以推断它在未来任何瞬间的情况。换句话说，科学在理论上是可以算命的。这是拉普拉斯的信念，也代表着传统物理学家的信念。但蝴蝶效应的出现打破了这一信念。

蝴蝶效应告诉我们，即使你建立起了这样的宇宙方程，即便对某一瞬间的初态有着非常精确的数据，但由于极其微小的误差，都会导致完全不一样的结果，这就使得科学算命在理论上无法实现，而且无法趋近。比如预报天气时，怎么可能把每一个蝴蝶是否振动翅膀这一微小的信息也采集进去呢？但蝴蝶是否振动翅膀，就会对结果产生颠覆性的影响。

1-2 拉普拉斯（1745~1827）

是不是随便一个系统或数学模型都可以出现蝴蝶效应呢？如果是，这个世界还了得？几个蝴蝶岂不是可以把美国抹平了？所幸，只有混沌系统中才会有蝴蝶效应。混沌，看到这个词我们中国人就会想到盘古开天辟地之前的那个世界，但这里是翻译过来的——Chaos。又是一个标题党，Chaos，混乱、乱七八糟的意思，被翻译成一个多好的名字，他竟然是一个华人所给予的名称。

二、混沌（CHAOS）与"三"的关系

1975年，祖籍湖南的华人数学家李天岩与他的导师York联名发表了一篇论文，标题是 *PERIOD THREE IMPLIES CHAOS*，即"周期三意味着乱七八糟"。学界称之为Li-York定理，其中曰：一个区间上的自映射，只要有一个周期为三的轨道存在，就一定有一切周期点，即一定会有Chaos。首次引入混沌这个学术术语。

但这个定律早在十几年前就被苏联数学家沙科夫斯基发表了，但当时没有引起人的重视，为什么呢？他不是标题党，而且发表在乌克兰期刊上了。

庞加莱则更早地证明，至少三维的连续系统，才会出现混沌。

Ruelle-Takens定理后来又发现，只要系统出现了三个互不相关的频率耦合，系统就必然形成无穷多个频率的耦合，出现混沌。

刚才说的Li-York定理，庞加莱定理，Ruelle-Takens定理，非专业人士自然不太懂。但会有一个感觉，混沌与"三"有关系，与无穷有关系。老子曰：道生一，一生二，二生三，三生万物。为什么是三生万物，而不是四生万物？以上各种定理告诉我们，"三"中已经蕴含一切和无穷，蕴含了混沌，也就是蕴含了宇宙万物。三是一个神奇的数字，俗话道：三个女人一台戏。三个女人不同性格、品格、价值观等，仿佛三个不同的频率，发生耦合后，就会有好戏出现。什么是戏？看不懂时，感觉是乱七八糟的，看懂后，很精致、很戏剧化，什么都有可能发生，跌宕起伏地发展，但难以预料。

混沌，就是这样的。

第二节　奇怪吸引子

一、混沌是什么？

非专业人士会把混沌（Chaos）按字母意思来理解，认为它就是乱七八糟，一团乱麻；甚至内行人也会仅仅因为混沌具有不可预测性，而误认为它纯粹是随机的，这都是完全错误的观念。

1. 混沌的本质

混沌表面是随机的，但实质仍是确定的，就如掷硬币，其落地的正反面从表面上看是随机的，但实质上你抛掷的力度、速度、角度，以及当时的气流和地面状态等等，已经完全决定了其正反面，只不过人无法全面搜集和分析这些信息，以至于造成了随机的感觉。而混沌因为对初值的敏感性，只要略微差一点，结果就会截然不同，也给人以随机感。就像硬币抛掷方式差一点点，正反面截然不同一样。

所以说，混沌只是摧毁了决定论中的可预测性（人类对系统初值的测量再精密，也只能达到有限的位数），但并未摧毁决定论中的确定性。也就是说，人类预测不了未来，但并不等于未来不是确定的。按照牛顿、麦克斯韦的经典理论和爱因斯坦的相对论，这个世界的未来依然是确定的；而混沌告诉我们，虽然确定，但你建立的数学模型再完善，采集到的初始数据再精密，对长期的未来依然无法预测。

所以，物理学家福特说："相对论除去了绝对空间与时间的幻想，量子力学扫清了可控测量过程的牛顿梦，而混沌学则宣告了拉普拉斯决定论式可预测性的幻灭。"

1-3 掷骰子的结果真的是不确定的吗?

但是在自然科学领域，要说混沌现象的发现与相对论、量子力学一起，被誉为20世纪物理学的三大革命，就是过誉了，混沌岂能和相对论及量子力学相媲美? 量子力学才真正冲击传统物理学的决定论，提出了"上帝掷骰子"的说法。

混沌只是教训了一下自负的科学家，如冯·诺依曼试图通过强大的计算机来进行准确的天气预报，甚至控制天气。这冯·诺依曼——计算机之父，人类历史上最大的天才，很狂妄啊，你当你是诸葛孔明啊，还能借东风?

如果说蝴蝶效应只是混沌的皮，我们现在来尝尝混沌的馅。这馅表面上看是一团乱麻，其实里面有着超乎想象的精致奇异的内涵。

二、奇怪吸引子

还是以洛伦兹模型为例，三个微分方程，三个变量，用三维空间来画三个变量的轨迹。本来我们预想着这么简单的一个方程，其轨迹应随着时间的流逝，渐渐趋向一个稳定点或一个封闭曲线，即有一个稳定的解。但实际上，这些点的轨迹渐渐趋向一个区域，却永不相交，轨迹形成了一个奇怪而明确的图案，像三维空间的一对旋涡，点从一个旋涡到另一个旋涡来回跳动（又仿佛是一对蝴蝶的翅膀）。我们把这个混沌区域称为奇怪吸引子，其结构复杂，有无穷的纵深，任何小的部分放大后，都与整个图形类似，此所谓"自相似性"。

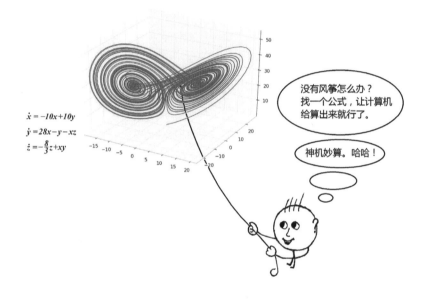

1-4 奇怪吸引子

自相似性就是局部特征与整体类似。这是大自然的一种普遍现象：锯下树干上的一个树枝，发现其构成与一棵大树类似；再观察其上的细枝条，在更小层次上，还是具有大树的构成。西兰花更是一个典型的例子，我们可以看到西兰花一小簇是整个花簇的一个分支，而在不同尺度下它们都具有自相似的外形。换句话说，较小的分支通过放大适当的比例，可以得到一个与整体几乎完全一致的花簇。

奇怪吸引子的维度具有分数维。分数维是什么意思？大家都知道，我们活在三维空间，点是零维的，线是一维的，面是二维的，立体是三维的，能想象有个东西是一点八维或二点五维吗？奇怪吸引子就是分数维，好奇怪啊，不可思议啊。其实不难理解，有限的曲线当然是二维的，但奇怪吸引子在一个有限区域无限奔走，且永不相交，近乎要填平整个三维体，但又始终未填满，故其维度介于二维和三维之间。

三、虫口模型

现在我们来看一个普通的系统如何变成混沌系统，通过介绍一个描绘生物种群数量涨落的数学模型来说明。

1976年，美国生态学家梅（R.M.May）在《自然》杂志上发表了一篇重要文章——《简单数学模型可导致非常复杂的动力学特性》，在其中提出了Logistic数学模型，其最简单的对应就是虫口模型。

所谓模型，就是对实际的简化，以便于进行研究。虫口模型具体是这样的：有这样一种昆虫，每年夏天产完卵后就全部死亡了，到来年春天每个卵就孵化为虫，就这么简单。可以想象，当产卵数大于一定数值时，虫口数量就会迅速增加，就会去争夺有限的食物和生存空间，这种竞争反过来又会导致虫口数目减少。综合这两种因素，最终得到虫口映射：

$$X_{n+1}=rX_n(1-X_n) \quad (n: 1,2,3,4\cdots\infty)$$

公式中X_n为第n代相对虫口数，X_{n+1}为第n+1代相对虫口数。什么叫相对虫口数呢？假设某个独立环境能够承受的虫口数上限为N_0，第n年虫口数为N_n，则可定义相对虫口数$X_n=N_n/N_0$，显然$X_n\leq1$，即：$X_n\in[0,1]$。

r为生殖增长率，取值范围在0到4之间，即：$r\in[0,4]$。（若r>4，模型就会发散）

我们一旦选择固定初值X_0和固定的r值，就可以进行迭代了。所谓"迭代"就是反复重复同样的运算，以上一次的结果作为下一次初值，反复进行同样的运算，每迭代一次就往前推进一年；当迭代次数很大时，也就是当 $n \to \infty$ 时，看看虫口数 X_n 会演化到一个什么样的状态，也就是会收敛到什么范围。

也就是根据 $X_{n+1}=rX_n（1-X_n）$，知道 X_0 就可以算出 X_1，由 X_1 又可以算出 X_2，以此类推，就可以把虫口在未来任何一年的相对数量都算出来，这就是所谓迭代算法。这种看似很麻烦的方法，计算机最擅长，让计算机迭代几千次、几万次，也是小菜一碟。

我们可以取不同的初值 X_0，r 分别取以下数值，当迭代次数足够大时，将会得到以下结果：

当参数 $r<3$ 时，年复一年之后的相对虫口数量会逐渐稳定下来，也就是 X_n 会到达某一个固定数。无论开始的数目是多少，这个固定数随参数 r 的增加而增加，在图像中表现为徐徐上升。这一点是我们预料之中的。

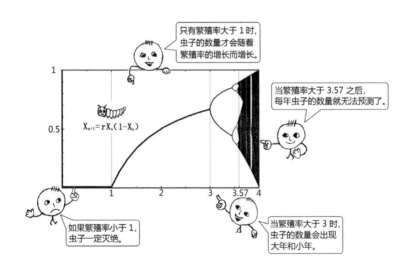

1-5 虫口映射：倍周期分叉图通向混沌

（横坐标是 r，纵坐标是 X_n，n 要足够大）

但是，当 $r>3$ 时，情况就发生了奇异的改变：

当 $r=3.45$ 时，虫口数 X_n 不再趋向于一个固定的值，而是在两个不同固定数之间来回跳跃，按年份交替，即发生了分叉。

当r=3.50时，分叉两端又各自形成两个新的分叉，即虫口数 X_n 每过4年会有规律地涨落，最终在4个固定数间周而复始地跳来跳去，即为4周期。

当r=3.55时，再次出现新的分叉，变为8周期；随着r的不断增大，分叉越来越多，周期按2m增加，即所谓"倍周期分叉"。

一旦当r=3.57，则分叉周期趋于无穷大，最后的迭代结果为无穷多不同值，也就是虫口数量有无穷多种可能，完全无法预测，即出现了混沌。

总之，如上图所示，当参数 r 小于3时，虫口模型是一个正常的系统，虫口数量会趋于一个确定的值，但随着参数 r 的增大，虫口数目会出现周期性的一次次加倍，即所谓"倍周期分叉"，最后再由倍周期分叉进入混沌状态。

四、回到蝴蝶效应

由以上简单的虫口模型，我们明白了一个简单的道理，那就是系统在一定条件下，当某些参数到达某种数值之后，就能进入混沌状态。

不是任何一只蝴蝶在任何时候的一次振翅都能引起一场飓风，它需要当时的大气系统进入混沌的状态。混沌的产生需要三个条件，其一是非线性，即变量之间的数学关系，不是直线而是曲线、曲面或不确定的属性。线性函数是一次函数，其图像为一条直线，其他函数则为非线性函数，其图像是除直线以外的图像。从物理上来看，线性是一个系统中的物理变量间的变化率，是一个恒量。而非线性系统中，一个变量最初的变化所造成的其他变量的相应变化是不成比例的。这样说很抽象，举个例子吧：你敬我一尺，我敬你一丈；你敬我两尺，我敬你两丈；你敬我三尺，我敬你三丈。这就是线性，变率就是恒量——十倍。那非线性呢？你敬我一尺，我敬你一丈；你敬我两尺，我敬你十丈；你敬我三尺，我敬你一百丈；你敬我四尺，我打你一拐杖，这就是非线性。对初值依赖的敏感度增加了，你尊敬我三尺和四尺，本来差别不大，但后果截然相反：敬你一百丈和打你一拐杖的区别。人和人之间的关系就是非线性的，所以我们常说要掌握好一个度。

其二是方程的参数要超过某个阈值。也就是说，是外界对系统的驱动或激励达到较高程度时，也即进入混沌态时。一只蝴蝶在大气进入混沌态下，在恰当的时间、恰当的地点，不经意地振动一下翅膀，起初的影响非常微小，但随着时间的流逝，也就是数学上的反复迭代，这个微小的变化被非线性地扩大了，指数式地倍增了，最终就可能导致一场飓风。

同样的，会有这样的情况。进入混沌态的系统本来要发生飓风，但因墨西哥一个螳螂伸腿，或一个墨西哥人伸了一下懒腰，就把飓风阻止了。所以庄子讽刺螳臂挡车是自不量力，但在混沌态下，螳臂岂止可以挡车，有时甚至可以挡住历史的洪流。在混沌到来之时，一切皆有可能。

其三，至少要达到三维的微分方程才能产生混沌，要有三个变量，才有可能产生不可预测性。举一个例子，美国20世纪60年代末深深陷入越南战争的泥潭，国内反战游行此起彼伏，美军是否有能力迅速消灭北越在南越的游击队，成为美国政府是否继续战争的关键性考虑因素。于是美国政府进行科学决策，委托数学家Lanchester建立越战数学模型。Lanchester在建模时只考虑两个变量：美军数量和越军数量，而且是以常规战对付游击战。这是一个二维的常微分方程，方程中考虑到美军火力强大，在明处，北越游击队火力较弱，但游击队通常在暗处，且活动范围大。通过计算，美军需要有10倍于北越的军队才能取得战争的胜利。而当时美军只是越军的6倍兵力，因而无法取胜。而美国虽有增兵的可能，但最多达到6.7倍，故而无法改变战局，于是美国最终决定撤军。因为这是一个二维微分方程，不产生混沌现象，因此对初值依赖不敏感，可以预测出明确的结果，这就为美国政府提供了明确的决策依据。

但在真正的现实世界中，各种不同的势力在博弈，岂是二维微分方程所能描绘的？三维恐怕是最低限，已具有混沌出现的可能性。那么在真实的人类历史中，是否出现过蝴蝶效应，它极大地改变了历史的进程，甚至还深深地影响了我们现在的生活？

第三节　明亡清兴分叉

一、引子——匈奴

我们现在要考察一个历史上发生混沌的历史进程。有些书中也做过这种尝试，比如选了两汉北击匈奴，溃败的北匈奴逃向欧洲，遂导致欧洲北部的日耳曼人南下涌入西罗马帝国，最终致使西罗马帝国的灭亡。故其称汉朝北击匈奴最终导致西罗马帝国灭亡为蝴蝶效应。但这是错误的，这不过是连锁反应，并非蝴蝶效应。为什么？中国北击匈奴这么大的事情，能是蝴蝶振翅吗？用学术的语言来说，这对初始值并非一个微小的扰动，而是一个巨大的摄动。

有的书里举的例子更加肤浅。某人因晚出门十秒钟，结果恰好遭遇车祸身亡，这不是蝴蝶效应，这是倒霉。大家必须注意，蝴蝶效应一定是刚开始的差异非常微小，经过长时间演化以后，这个差异被无限制地放大，导致结果截然不同。所以找一个典型的蝴蝶效应并不容易。

二、明亡清兴中的小蝴蝶

我遍寻历史，发现清军入主中原的历史进程中倒是蕴含了一个典型的蝴蝶效应。为了说清楚这一点，我们不得不重温这一段历史。在我看来，这也是中国历史上最惊心动魄的篇章。

努尔哈赤在明朝万历十一年（1583年）起兵，统一女真诸部；在万历四十四年（1616年）称汗建国，建立后金国，开始挑战、蚕食明王朝在辽东的统治，迫使明朝发动大军，欲一举歼灭后金。结果萨尔浒之战，明军大败，明王朝的危机自此开始。

努尔哈赤死后，皇太极登基，后金用兵蒙古察哈尔部，打开了一条能避开山海关，绕道攻入内地的通道。天聪三年（1629年），皇太极率大军通过此路，最终兵至北京城下，但考虑到攻下北京后也不易守住，最终主动退兵。其实皇太极还是想通过山海关进逼北京，这样没有后顾之忧。

皇太极欲打开山海关，直接进攻北京，又经过了十几年的经营（其中，于1636年改国号为"清"）。这首先要拔除关外明军的几个重要据点——山海关以东的锦州、宁远、松山等重镇。当清军围困锦州时，明廷从西部战场抽调正与农民军作战的主帅洪承畴赶来辽东，出任蓟辽总督。明清双方军队在松山决战，明军大败，十几万精锐部队被歼灭，洪承畴被俘，此战为战略转折点。清军从此转向战略进攻，为入关开辟了道路。

正当后金——清国勃兴于辽东，一步步登上中国的历史舞台，向明军连年征战之时，在西北又有一支新兴的军事力量崛起。崇祯元年（1628年），陕西农民揭竿而起，分别在李自成、张献忠的带领下，向明朝展开了持久的搏斗。农民军登上历史舞台，无疑改变了明清的力量对比，也使体系成为三体问题，即：明朝、清朝和农民军。三者的非线性耦合，为混沌的出现奠定了基础。

明军起初对李自成的镇压是卓有成效的，在崇祯十一年（1638年）打得农民军七零八落，李自成妻离子散，仅率刘宗敏、田见秀等十八骑突围，逃入商洛山中。

为什么李自成后来能东山再起？就是在崇祯十三年（1640年），清军围攻锦州，此时也是李自成陷入绝境之时。面对清军的猛烈进攻，明廷不得已将镇压农民军的13万精兵调至关外援锦，统帅正是擅长与农民军交战的洪承畴。这样，李自成才得到喘息的机会。

正当明清决战于锦州、松山之际，李自成乘机冲出商洛山，中突入饥民遍地的河南，登高一呼，饥民响应，声势大振。然后在河南境内攻城略地，陷洛阳、围开封，再转战潼关，在西安定国号"大顺"，然后毫不喘气地进军北京。这一路，岂止是大顺，真是太顺了，竟然在崇祯十七年（1644年）攻入北京。当时是一个太监打开了彰义门，将农民军引入北京，害得崇祯帝登煤山自缢身亡，明朝文武百官大多投降大顺新王朝。

这里做几个假设：如果明军在开封再多坚守半年，或者农民军在西安多休整半年，那么一切都将发生改变。为什么呢？因为此时的清军也开始大举南下，志在攻破北京。

前面说到，清军在松锦决战中大获全胜，明军主帅洪承畴被俘，明朝在东北的防线几乎瓦解。正当清兵决意大举入关夺权之际，52岁的皇太极在崇德八年（1643年）突然死了，因其死得突然，连继承人都未指定。这样系统进入非平衡状态，出现了第一个分叉点：是因内斗而乱，还是和平交接政权？

若按兄终弟及，应是多尔衮继位，他乃努尔哈赤十四子，皇太极（努尔哈赤第八子）异母弟。若按父死子继，应是豪格，他乃皇太极长子。当时多尔衮依仗两白旗的力量势在必得，而两黄旗（皇太极自己的两个旗）坚决拥立豪格。这本来应是一场你死我活的内斗。如果这样，满清内部大乱，哪还会入关，现在谁还知道多尔衮？电视里哪有这么多辫子戏？像《还珠格格》《甄嬛传》。在决定继承人的诸王大臣会议上，两黄旗的实力人物索尼率先发言：先帝长子豪格当继大统。且多数亲王也附和此议，而且两黄旗还以武力包围了会场，一副不立豪格誓不罢休的气势。历史在此关键之际，我们可爱的豪格大脑却发生了混沌，竟然说"（俺）福小德薄，非所堪当"，说完就退出了会场，令支持他继位的众亲王傻眼了。

豪格为何会如此，这恐怕要用弗洛伊德的精神分析法来进行分析。他肯定是幼年受过什么刺激，比如反复背诵过孔融让梨、退避三舍之类，这里就不多讲了。而此时多尔衮大脑却高度有序，他明白尽管豪格退出，两黄旗依然不能接受他继位，于是他提出立皇太极第九子、年仅六岁的福临为帝，而自己获得了摄政王的最高职权。本来应在清内部出现的一次大震荡，竟然化解了。

但必须注意，虽然皇位之争以最小的代价和最短的时间化解了，但皇太极之死还是令清军出兵叩关的时间推迟了半年以上。半年意味着李自成捷足先登地进入北京，那这又意味着什么呢？

多尔衮稳定局面后，开始向明朝在关外的最后几个据点进攻，最后只剩下宁远一座孤城。但宁远竟一时挡住了清军，守城将领正是吴三桂，辽东名将，手握明朝最精锐的三万军队。此时多尔衮对灭明也没有信心，于是遣使联络农民军，欲联手伐明，非线性的耦合也越来越明显了，分叉点又出现了，李自成的决定又会左右历史进程；实际情况是——进兵颇顺的李自成对此不予理睬。

在李自成步步紧逼北京之际，明廷商议调吴三桂率劲旅入卫京师，但崇祯帝犹豫不决，这又是一个分叉点——如果崇祯立刻调遣吴三桂入卫京师，历史将发生改变。因为那是明朝最精锐的士兵，而吴三桂不但是员猛将，还极其忠于明朝。如果崇祯再懂点儿以空间换时间的战略，主动从北京跑到南方，将广大的北方让出来，让出一片广阔的天地，让农民军和即将入关的清军大混战，历史又将会如何？南明朝廷之所以维持不久，关键原因在于没有服众的皇帝。如果崇祯帝退到南方，明朝不至于很快灭亡，至少和清国可以划淮而治，或者划江而治，犹如当初南宋与金朝一般。

历史虽然可以假设，却没有如果。崇祯是个执拗的人，脑子一根筋，农民军打入北京，他直接就上煤山自杀了，而且事先也没让太子离开北京。这样后来明朝残余势力群龙无首，内斗不止，难怪迅速瓦解。

崇祯在最后一刻还是决定调吴三桂入卫京师，虽然为时已晚，没有挽救北京被农民军攻陷的命运，但此举对清国产生重大影响。因为吴三桂接到崇祯要求率军入关勤王的诏命后，马上率军民撤离宁远进关，清军由此判断出明朝面临严重危机，这就促成多尔衮决定大举进讨。换句话说，如果吴三桂不入关，多尔衮起兵时间至少会推迟一个月，因为此时的多尔衮还不知道李自成已经进入北京了，而这一个月又决定了后来的历史走向。

多尔衮，慑于山海关的坚固，仍绕道内蒙古地区缓缓进军。当得知李自成已经进入北京后，多尔衮对新对手农民军又缺乏信心，他说："吾尝三围彼都，不能遽克，自成一举克之，其智勇必有过人者。"也就是说，在多尔衮眼里，李自成绝非等闲之辈，是个大英雄。其实，多尔衮心里要真明白的话，一定知道，李自成有今天的业绩那是全凭自己打拼出来的。他童年时给地主放羊，长大后倒是在政府的驿站谋了一个职位。所谓驿站就是传递公文的人在途中食宿、换马的场所，但崇祯元年，也就是崇祯登基那一年，因为财政吃紧，所以朝廷精兵简政，大搞改革，裁撤冗余人员。李自成家里没啥背景，而且还丢失了一个公文，于是就"被下岗"了了，被从公务员队伍中清除了。他养不了家了，老婆也跟别人跑了，实在走投无路，于是揭竿而起，几起几落，竟然率军打入北京城。而他多尔衮是何人，努尔哈赤的十四子，十七岁就随他哥皇太极出征；也即是说，李自成和多尔衮相比，早就输在了起跑线上，但他却率先到达了终点——北京。多尔衮能不对这白手起家的李自成产生畏惧吗？若他始终这么没信心，恐怕就要打退堂鼓，那么历史又将改变。但此时他身边有个洪承畴，这人大家都熟悉：松锦决战中明军的主帅，兵败后被俘，刚开始还不屈服；后来也不知道是因为庄妃去牢房抛了几个媚眼，还是皇太极到牢房把自己的貂裘大衣披在了他身上，反正他是投降了。此时的洪承畴正在多尔衮左右，洪承畴是什么人？是靠镇压农民军起家的。他打清军外行，打农民军内行，多年镇压农民军的经验，让他总结出一套制胜李自成的"葵花宝典"，这让多尔衮顿感信心满满，充满了能量。

再说说吴三桂，松锦决战中，他是明朝的主力将官之一。被清军包围后，率兵突围，进入宁远固守，手握三四万精锐部队。清军不断写信劝降，吴三桂不为所动，坚守孤城，绝不投降。当崇祯调吴三桂率部进京以抗农民军，吴三桂进发至山海关时，李自成已进入北京，吴三桂只好就地镇守山海关，思索着人生——一方是髡发索虏，另一方是流寇闯贼；一个是多年战斗的敌人，一个是灭我大明的农民军，我该何去何从啊？！（哈姆雷特：To be, or not to be, that is the question!）李自成集团非常明白吴三桂的重要性，特派遣使者携带大量金银前往山海关，还敕封吴三桂为侯。吴三桂接受了，明确归降大顺王朝。就在此关键时刻，出现了一只小蝴蝶。

正当吴三桂在山海关接受完李自成的封赐，已经动身前往北京，觐见新主李自成的途中，得到消息，刘宗敏霸占了他的爱妾陈圆圆。他顿感奇耻大辱："大丈夫不能保一女子，何面目见人？"本来一微不足道的弱女子，却令大顺王朝与吴三桂的关系发生了指数式的偏离。刘宗敏作为农民军中仅次于李自成地位的首领，为什么在这个大是大非的问题上犯错？小小的陈圆圆，振动蝴蝶翅膀，以其面部特有的张力，令刘宗敏顿时陷入脑混沌，严重偏离了大顺王朝定下的极力拉拢吴三桂的正确路线。

　　吴三桂占据战略要地山海关，又有精锐部队四万，他的走向关乎整个战局，因为陈圆圆，吴三桂毅然反叛他本已归附的大顺政权。这时，他该如何选择呢？去投降清国，违背了他内心的信念；若继续与清军为敌，他只能是死路一条。怎么办？吴三桂有小聪明啊，想出了借兵清国、剿灭李自成、再造大明朝的如意算盘。于是他给多尔衮写信，希望清国出兵，帮助他灭掉闯贼、恢复大明，回头定有重谢。这在历史上是很有先例的，李唐王朝是如何勃兴的？不就是李渊、李世民父子向突厥借兵，帮助其建立了大唐王朝，成就了一番大事业嘛！估计吴三桂当时也是这样想的。如此一来，吴三桂背叛大顺就不只是因为一个女人，而是为了恢复大明，甚至是为人民不再受流寇的侵扰、掳掠，他为自己猥琐的行为找到了一个崇高的理由。

　　正在行军途中的多尔衮接到吴三桂来书后，大喜过望，这是大明臣子请我出兵剿灭李自成啊。本来是侵略之军，这不马上成了正义之师了吗？多尔衮立即打出了正义的旗号——"期必灭贼，出民水火"，这对于清军入主中原所发挥的作用不可小觑。吴三桂希望清军仍然从内蒙古迂回，这样不至于侵蚀他的山海关势力范围，多尔衮怎么可能受吴三桂左右，立刻决定改变行军路线，不再迂回内蒙古，而是直趋山海关。下一节，我们就知道这一决定如何又一次影响了历史进程。

第四节 迭代改变历史

一、吴三桂效应

吴三桂因"小蝴蝶"被霸占，公然与李自成决裂，还公开宣布讨贼，这使得李自成感到事态严重，担心吴三桂降清，开关引入清军。于是亲帅大军讨伐吴三桂，想赶在清军到来之前夺占山海关。但吴三桂得知农民军正向山海关扑来，马上给多尔衮写了第二封信，乞求清军火速来救援。如果多尔衮事先没有改变行军路线，无论如何是来不及了。但多尔衮提前改变路线，于是在千钧一发之际，拯救了吴三桂。在接到第二封来信后，多尔衮加快了行军速度，仅仅比农民军迟一天赶到山海关。结果吴三桂与清军夹击农民军，李自成惨败，退回北京。试着想一想，如果清军没有提前改变行军路线，吴三桂就被李自成灭了，然后农民军就可从容面对清军，存在了各个击破的可能性。

此时的吴三桂已经没有与多尔衮讨价还价的资本了，只能臣服于清国，把头发也剃了，服饰也换了。这吴三桂也是条汉子，这髡头剃发对他来说是奇耻大辱啊，他如何忍受得了？我猜想在那一刻，他的精神支柱就是陈圆圆，为了爱情，豁出去了。唉，吴三桂当时也是蛮拼的。从此，吴三桂就成了清国的走狗，清国以吴三桂为先锋，率所部进至北京城下，还要求"降贼诸臣反正自赎"。

而李自成仓促登基，然后撤出北京（农民军在北京共40天），多尔衮命吴三桂追击李自成。当多尔衮进入北京时，城中士民出朝阳门外，跪伏道旁迎接。汉人对北方民族的入侵虽然有不得不屈服之时，但哪有这般光景，清兵仿佛不是入侵者，而是平贼灭寇的王师，这正是"吴三桂效应"——清兵是请来的，是平灭流寇的正义之师、平乱之师，这正是清军迅速平定中原、进而统一天下的关键因素。用现在的话说，吴三桂给予了清军巨大的软实力，再加上其固有的硬实力，清军定鼎中原之迅速是前所未有的。清朝也充分利用了这个软实力，进京后多尔衮以隆重的帝王礼安葬了崇祯，令明朝官民大悦，甚至当时的南明朝廷都报以感激之情。我们熟知的民族英雄史可法也致书多尔衮，对这一点表示肯定，而这正是"吴三桂效应"所发挥的作用。

千万不要轻视"吴三桂效应"，这种效应让本来是入侵者的清军一下子占据了道德制高点，师出有名了。俗话说：得民心者得天下，这是影响一场战争胜负的关键性因素。想当初美国的南北战争，因为南方各州退出联邦，总统林肯为维护联邦的统一而发动了平叛战争。但美国宪法并没有明确规定各州不能退出联邦，这令林肯这场平叛战争在法理上有缺失。很多北方的士兵虽然口号喊着"为联邦而战"，但实际不明白为何而战；而南方士兵是为"保卫家乡而战"，有着明确的目标和诉求，这是造成内战初期南方占优势的重要原因。一年后，当林肯被南方军队打得难以支撑之时，毅然颁布《解放黑人奴隶宣言》，战局从此改观，因为他占据了道德的制高点，将反分裂的战争变成了为自由而战，而将南方军队贬低为黑奴制的保护者，最终北方战胜了南方。总之，在美国内战中，"解放黑奴宣言"就起到了"吴三桂效应"，赢得了民心，改变了战局。

本来，当时的大顺政权已经占领了河北、山东、河南、山西、陕西、湖北等地，在总体实力上甚至超过了尚处于关外的清国。但"吴三桂效应"令李自成山海关一败，竟然一败再败，最后的事大家都听说过，李自成出家当和尚了。

二、陈圆圆与刘宗敏

我们回过头再来看看陈圆圆的身世：原名邢沅，出身于江苏常州的一个货郎之家。少女时便惊艳乡里，因家贫，父母将之寄养于经商的姨夫家中。重利轻义的姨夫后将之卖给了苏州梨园。陈圆圆初登歌台，明艳出众，"观者为之魂断"。此时北京崇祯帝内外交困，茶饭不思，国丈田弘遇为了让皇帝女婿开心，到江南寻访美女，遇到了名动江左的陈圆圆，将其带回北京献给崇祯。可当时的崇祯只对李自成、多尔衮有兴趣，对陈圆圆没有兴致，又退货了。这样，田弘遇为结交手握重兵的吴三桂，又将之赠送吴三桂。据说吴三桂第一次看到陈圆圆，惊诧于其美艳，神移心荡，无奈军营不得带女眷，只好先寄存于北京府上。农民军进入北京后，圆圆为刘宗敏所霸占。

刘宗敏为什么敢于如此色胆包天呢？在李自成集团中，刘宗敏功劳大，所以敢于挑战李自成的威信，甚至在李自成登基做皇帝的仪式上，刘宗敏都未给他行跪拜礼，还对众人说："我与他同作响马，何故拜他？"所以李自成不能操纵他。李自成入京后，将王侯第宅都分给了手下的将官，正好吴三桂的府邸落在了刘宗敏名下。后面的故事大家就可以想象了：刘宗敏在吴府遇到了陈圆圆，大概陈圆圆眼睫毛忽闪了几下，刘宗敏就开始脑混沌了。按理说，刘宗敏对美女应是有免疫力的，他和李自成一样，都是陕北米脂人，俗话说"米脂的婆姨，绥德的汉"，刘宗敏从小什么美女没见过？大概是江南美女与北方的不一样，更为关键的是，陈圆圆面部的表面张力实在无与伦比，此时此刻他全然不顾吴三桂的感情，也全然不顾大顺政权，也不顾及李自成定下的政策，把陈圆圆霸占了。总之，刘宗敏与陈圆圆这一小小的耦合，就让李自成、吴三桂、多尔衮这三大实体的命运发生了骤然逆转，也改变了当时中国的历史进程。

三、陈圆圆与蝴蝶效应

看到这里，估计有人会有这个印象，蝴蝶效应产生的关键是陈圆圆太漂亮了，但这只是其中一个条件而已。不是每一个美女都可以做陈圆圆，混沌需要特殊的动力学环境，而且要超过某个阈值，蝴蝶效应才会产生。我们已经看到历史为她做了多少铺垫，搭了多么精致的舞台，才让她的眼睛一眨，倾倒刘宗敏，倾倒了大顺政权，引来了清兵，引来了三百年的清王朝。历史为陈圆圆小蝴蝶的振翅创造了极其精微的条件。如果系统中某些参量发生一丁点儿改变，后世就没有人知道陈圆圆这个人了。

试想，如果李自成攻下西安后，在古城流连忘返，多休整了半年，或者顺道回米脂，感受一下土豪归故里的感觉，或者明军在开封再多坚守半年，这样先到达北京的就不是李自成，而是已经赢在起跑线上的多尔衮了。更狠的假设是，如果皇太极身子骨再硬朗些，晚死上一两年，这样松锦决战后，清军会一鼓作气，迅速南下，绕道内蒙古，直接攻入北京城。那么此时据守山海关的吴三桂就会写信给李自成，恳请他出兵，这样，农民军就从一个流寇、乱贼的身份，立刻摇身一变成为中原人民的拯救者，立马就站到了道德制高点，也就是说，李自成就会获得"吴三桂效应"，而遭到首尾夹击的就不再是李自成，而变成了多尔衮。而先进北京城的清军可能首先腐败了起来，而未进北京城的农民军依然保持吃苦耐劳、连续作战的本色，那么历史的结局就要改写。最关键的是，这样一来，任你陈圆圆如何美貌，也没有了蝴蝶效应的机会了。

总之，不是每一个美女都可以做陈圆圆，混沌需要特殊的动力学环境，而且要超过某个阈值，蝴蝶效应才会产生。

四、迭代过程

假如建立一个清军入主中原前后的数学模型，尽量简化，将当时另一支张献忠的农民军作为背景噪声，只考虑李自成农民军、清军和明王朝，正好三个变量。因为三者互相影响，应该是一个非线性的三维微分方程，也就是一个三体问题，具备混沌产生的条件。

大家注意，所谓蝴蝶效应，一定是刚开始发生了一个非常小的、完全可以忽略的扰动，也就是对原始的初值发生了轻微的改变。陈圆圆出生在一个贫寒的江苏常州的人家，在这个体系中是完全不会考虑的，是可以忽略的。

所以陈圆圆刚出生时，没有哪个科学家，无论他是拉普拉斯，还是爱因斯坦，都不能预测出她对中国未来的影响。但注意，这是一个非线性的方程，随着时间的演化，或者说经过年复一年的迭代，陈圆圆的出生对系统的微小扰动，开始逐渐放大。迭代一：贫寒父母将之寄养于经商的姨夫之家；迭代二：重利轻义的姨夫将之卖给了苏州梨园；迭代三：国丈田弘遇将之带回北京；迭代四：崇祯拒收陈圆圆；迭代五：田弘遇将之赠给了吴三桂；迭代六：吴三桂镇守山海关；迭代七：李自成进入北京；迭代八：刘宗敏霸占陈圆圆；迭代九：吴三桂冲冠一怒混沌出；迭代十：吴三桂引清军入关。本来只不过是一个平常人家的女子，结果在不断迭代中，其影响力不断放大，通过与吴三桂、刘宗敏等人的耦合，最终颠覆了历史的进程，可谓中国历史中最典型的"蝴蝶"。

另外，清军入关过程中有无其他"蝴蝶"？当然会有，但很难找到像陈圆圆这样典型的"蝴蝶"。比如有人会想到庄妃：皇太极的老婆，多尔衮的情人，顺治帝的妈，康熙帝的奶奶。如果没有她，没有她和多尔衮的情，多尔衮当时会妥协而去立福临吗？即便立了，多尔衮进入北京后，还会安排顺治在北京重新举行登基仪式吗？此时大权在握的多尔衮要想罢废顺治，自己称帝，是完全可以操作的，是不是真的顾及了与庄妃的情愫呢？甚至还是说，如果没有庄妃给洪承畴抛媚眼，洪承畴可能就杀身成仁，成为我们后世敬仰的英雄呢？那么在多尔衮畏惧李自成农民军时，就没有人给多尔衮打气出主意，或许清军就不敢入关了。这些皆有可能。即便发生了，历史当然颠覆性地改变，但这不能认为是蝴蝶效应，为何呢？庄妃，她是微不足道的吗？她的出身是蒙古科尔沁部落的公主，初始值就很大，岂是出身于货郎之家的陈圆圆能比的？而且当时蒙古公主嫁清皇室是惯例，所以她嫁给了皇太极做老婆并非那么偶然。可以说，庄妃一出生就对这个系统产生了一个明显的扰动，这是无法忽略的。大家一定注意，所谓蝴蝶效应一定是其初值发生了一个极其微小的、不经意的扰动，最后导致系统的走向发生翻天覆地的改变，庄妃还真不是一个小蝴蝶。

最后，我不禁感慨，我们今天中国这个局面，在很大程度上是清军入关造成的。如果没有清军入关，或许东北至今还是中国的民族自治地区；

如果没有清军入关，或许中国后来与西方列强和东方日本的关系会有所不同。而这一切都源于吴三桂与陈圆圆的爱情。想起了那首元好问的诗词："问世间情为何物，直教人生死相许。"我耳畔响起《梁祝》的小提琴协奏曲，眼前浮现了两只蝴蝶在花间草丛飞来飞去。

第二章
科言幻语
聊《三体》

Chapter
two

第一节　赏析《三体》小说

本章聊一聊刘慈欣的小说——《三体》。这里必须声明，是作者在获得雨果奖之后，我才知道有这本书。我上一次读科幻小说，可以追溯到小学时期，读的是经典大家凡尔纳的作品——《海底两万里》。因为一书难求，须要及时归还，还要避开母亲的监视，因此只能在放学的路上读，或躲在家里的蚊帐中看，这奠定了我眼睛近视的基础。

等上了初中，我就与科幻小说诀别了，我长大了，还看什么科幻？忽悠小孩子的东西，拜拜。我现在是初中生，是不是应该看点儿牛顿、爱因斯坦的东西了？

这一转眼进入了21世纪，突然间，我们中国人获得了科幻小说的世界大奖，可喜可贺。其实我也不知道这个雨果奖到底是一个多大的奖项，一开始竟然把科幻世界的雨果当成了《悲惨世界》的雨果，真是让人脸红。不管怎样，管他是Victor（维克多·雨果，《悲惨世界》的作者），还是Gernsback（雨果·根斯巴克，科幻之父），反正"大刘"冲出亚洲，走向世界，煌煌《三体》，誉满宇宙。

我周围读过《三体》的亲朋好友，都跟我说："这书好看，写得妙、编得绝。"我不由得心生狐疑，真的有那么好吗？不会是"皇帝的新装"吧。我就是带着这种质疑的目光，翻开了《三体》的第一节。

一、先是不屑

这本书一开篇就提到很多物理学家在不到两个月内先后自杀，这种玩悬疑小说套路的低端手法，真是让我有点不屑，果然是通俗小说，很俗！难怪那么多人说好。尤其是一位女物理学家，叫杨冬，在遗书中写道："一切的一切都导向这样一个结果：物理学从来就没有存在过，将来也不会存在。"我心想，她怎么啦？物理学不存在也不至于自杀吧，还真把物理学当上帝信仰了？那是物理学，不是物理教，还有这样的物理学家，奇葩，真逗。

当然，我必须承认，这一点还是吸引了我去关注小说进一步的情节，看看大刘是如何编造物理学不存在这个噱头的。这么说来，刘慈欣的这种写法把我也陷进去了？

我赶紧翻阅几页，发现事情是这样的：当高能加速器将实验中粒子对撞的能量提高了一个数量级后，同样的粒子、同样的撞击能量，在同一加速器不同时间的试验中也不一样，一次一次的结果都不同，也没有规律，于是物理学家慌了。书中主人公汪淼说：这意味着宇宙普适的物理规律不存在，那物理学也就不存在了。

看到这里，我觉得作者很牵强，或者说这个身为院士的主人公汪淼很肤浅，这种情况完全可以用蝴蝶效应或量子效应解释。之所以没有发现规律，那是因为用了前所未有的数量级的能量对撞，故而将粒子撞击得更加碎小，展现了比以往更加微观的结果，其蝴蝶效应、量子效应会更加明显，甚至量子混沌都会凸显出来，没有什么不可思议。只能说明，越是微观，对于混沌来说，初始值就更加敏感；对于量子来说，其盖然性规律就愈加复杂，故而一时不能发现规律，本是很正常的事。物理学家惊讶是正常的，恐慌就有点儿夸张了，自杀更是笑谈。

退一步讲，即便这是以往理论和思维无法想象的现象，物理学家表现出的也应是激动，因为无限的机会呈现在他的眼前，无限风光在险峰嘛。就像一个军人，在和平时代，有什么机会来展现军人的风采？一个真正的军人，当听到北方游牧民族入侵的时候，表现出的不应是普通百姓的恐慌，而是激动，建功立业的时刻终于到了。一个真正的物理学家，当看到现有理论无法解释的实验现象，甚至这个现象足以令现有理论崩盘之时，应该是激动，这是又一次科学革命的机会啊，是把爱因斯坦、普朗克、薛定谔踩到脚下的机会，怎么会去寻短见呢？大家想一想，一百多年前，牛顿理论坍塌的时候，有哪个物理学家为之自杀？还不是兴高采烈地墙倒众人推，气势汹汹地缔造了相对论和量子理论？所以当我看到书中自杀的情节时，我觉得作者是故弄悬疑，这是侦探小说的笔法，一点儿都不科幻。

二、感觉有料

但是，当我看到书中介绍"科学边界"协会这个组织时，开始稍稍改变对大刘的看法了。书中说这个国际性学术组织的宗旨是："试图开辟一条新的思维途径，就是用科学的方法找出科学的局限性，试图确定科学对自然界认知的深度和精度上是否存在一条底线——底线之下是科学进入不了的。现代物理学的发展，似乎隐隐约约地接触到了这条底线。"读到这里，我有兴趣了，看来这位作者是有一定深度的，还真知道科学是有认知局限的，这已经开始接触到哲学中的不可知论了，有点儿料。接着看。

三、富有科幻

当看到第20页时，我开始认定，刘慈欣的确有科幻写作能力。他能编出这样的情节——幽灵倒计时。就是主人公汪淼发现他拍的照片中有倒计时，后来倒计时直接出现在他的眼前，就像电影画面的字幕。读到这里，我彻底被吸引了，有点儿恐怖的感觉了，我很渴望看到大刘怎么去解释这个倒计时。

直到全书的第290页，终于给出了绝妙的解释。那是三体世界发射的两个智子搞的鬼，目的是扰乱汪淼正在进行的纳米技术的开发。不错，确实不错。

我觉得，有关外星人的科幻作品，有一个最大的难点，就是如何在书中引入外星人。如果一上来就说外星人发现了地球，甚至直接入侵地球，不但很突兀，还会落入俗套；如果说是地球上的科学家发现了外星人，似乎又不太可能。人类发现外星人的途径无非就是向太空发射电波，但发射功率太低，在浩渺的宇宙中越传越弱，能被外星人捕捉到的可能性太小。如何能让情节接上地气，再让地气升为"天气"，这是科幻小说所应追求的。

大刘在这一点上真是脑洞大开。书中女主人公叶文洁，创造了一个能量镜面反射增益理论，也就是说人类对着太阳发射电波，太阳的能量镜面能对之反射，而且同时将这个电波放大近亿倍。呵呵，还真能编啊！

这等于是说，人类可以将太阳作为一个超级天线，通过它向宇宙中发射电波，那功率岂不增大了上亿倍。这样，地球文明就很有可能与外星人发生联系了。

由此，外星人，也就是书中三体人的引入，就成为自然而然、水到渠成的事了。为了让情节更加震撼，书中把叶文洁描写成一个对人类文明极度绝望的人，她希望让三体文明来改造地球文明，不惜冒着引狼入室的巨大风险。

文章中用大量笔墨来写"文革"时期的各种乱象，以及叶文洁与其家庭所遭受的迫害。表面上这与科幻小说没有关系，其实是为了塑造叶文洁这个人的形象，说明其负面心理形成的外在因素，这样，她不顾一切地与三体世界进行联系的危险行为就得到了合理诠释。

书中最令人拍案惊绝的是，在三体游戏中，冯·诺依曼为了计算三个太阳运行的规律，试图利用人海战术。他万里迢迢地来到中国，恳求秦始皇集结三千万大军来帮助他，希望能算出三个太阳升降的规律。当时我就想，人海是如何进行计算的呢？好奇心陡然提升，结果冯·诺依曼用三个士兵分别举黑旗、白旗，就组成计算机各种元部件，如与门、或门、与非门等等。这样，三千万士兵就可以组成一千万个元部件，再将这些部件组合成一个系统，这样三千万大军所呈现的方阵就是一个计算机主板。在贯穿整个阵列的通道上，有许多待命的轻骑兵，冯·诺依曼对秦始皇解释道：这是系统总线 —— BUS，这些轻骑兵负责传递信息。

看到这里，我直接笑出声了：大刘呀大刘，你太搞笑了。如此智慧的搞笑，我估计九泉之下的冯·诺依曼看了都会笑醒。

我之所以觉得它拍案惊奇，就是这种用人海构建起来的大型运算机器，完全符合当今的计算机原理。

我想，科幻中的幻想必须要基于现有的科学，然后再加以合乎逻辑的想象和延伸，否则就成了玄幻，成了《花千骨》。《三体》中透露出的很多概念都是具有科学基础的。比如提到了十一维空间，说三体世界已经达到操控十一维结构中的九维，可以对之随意展开：将质子二维展开就是一个面，一维展开就是一根线，零维展开就是一个点，奇点，故其质量密度无限大，这就是黑洞。

四、多维空间

这十一维空间，怎么理解？这里必须要展开一下。

大家都知道，一个方向可以确定一条直线，这就是一维空间；对这条直线画一条垂直线，那么这两条直线就决定了一个平面，这就是二维空间；对这个平面画一条垂直线，于是就形成了一个立体，这就是三维空间。我们对这个立方体再画一条垂直线，也就是要让这条直线与立方体中的任何一条线都要垂直，那么第四维空间就延伸出来了。大家肯定晕了，怎么画一条线垂直于整个立方体啊？我咋想象不出来啊？我可以很负责任地告诉大家，没有人能想象出来，因为我们都是人，我们就活在三维空间，不可能想象出四维空间的模样。正如同二维空间里的生命，无法想象三维空间中的事儿。

我们平时说的四维时空，还不是刚才造出来的四维空间，是将三维空间加上一维的时间，就成了四维时空。这是爱因斯坦在相对论里引出的概念，但并不难理解。比如说，如果你坐在飞机上，如何告知地面上的人你的确切位置呢？不就是给个坐标XYZ，分别表达前后、左右和上下，这就是三维的，这样你在空中的位置就唯一确定了。但问题是飞机一直在飞，你告诉的XYZ是某一时间点的坐标，如果你不告知这个时间点的话，地面上的人还是不晓得这一刻你处在哪个位置，所以这个空间坐标里要再加上一个时间轴T，于是三维空间加上一维时间就变成四维时空了。你在飞机上，给地面一个时空坐标，XYZT，那你在某一刻的确切位置就唯一确定了。

简单地说，人是活在三维空间中的，或者说，是活在四维时空中的。

中文的"宇宙"本意是什么？古人是这样说的：往古来今谓之宙，四方上下谓之宇。有没有觉得拍案惊奇啊，这四方上下不就是三维空间，而往古来今不就是时间轴吗？那宇宙在古汉语中的意思就是四维时空，有没有感到"宇宙"这个词儿在你心中瞬间高大了起来？中国古人是很厉害的。

高维度的粒子可以展开为低维度的，这怎么理解？《三体》书中就有一个很好的比方。过滤嘴中的海绵是三维体，将它剥开展平，就发现它的吸附表面是二维的，面积很大。可见，一个微小的高维结构可以存储巨量的低维结构。

一说到高维空间，我们的脑子就没法想象了，但我们有一个理解的途径，就是想象一下二维世界是如何感受三维世界的。注意：我们现在说的是纯空间，还不考虑时间这个维度。

假设有一些生活在二维平面中的生命体，对它们来说，这个世界只有前后、左右，根本没有上下这个概念。那它们是怎么感受三维物体的呢？很简单，它们所感知的就是三维物体在它们的二维平面上的投影，或者说，是三维物体在它们平面上的横截面。

具体来说，这种生命体所生活的二维平面就是地面，而这个地面上放了一张四条腿的桌子，但它们只能看到四条腿在地面上的接触面，是四个互不相连的正方形。当人们在地面上推动这个桌子的时候，对于二维生命来说，就出现了一个神奇的现象：四个正方形以同样的速度向同一个方向运动。这时，二维生命中出现一个像牛顿这样的科学家，就叫他二顿吧，二顿经过多年的观察，终于总结出了这四个正方形的规律，给出了三大定律：第一，四个正方形要么静止，要么做同向运动；第二，四个正方形之间的距离保持恒定；第三，在运动中，四个正方形的形状不变。这个发现太伟大了，二体生命界一片欢呼；二顿用它的定律还解释了凳子、椅子的二维投影关系。二体生命界认为：二顿三大定律已经解释了宇宙全部真理。

但有一天，有人走近了这个桌子，将桌子举了起来。这对于二体生命来说，就是看到了两个脚印，这两个脚印忽大忽小，间距也不固定，完全无法理解，二顿郁闷了；紧接着，四个正方形奇怪地消失了，这简直就是神迹啊。最终，二顿倒在了宗教的怀抱中，寻求心灵的解脱。大家别笑，其实人类何尝不是如此。

刚才这个例子也说明，在二维平面中互不相连的四个正方形，在三维空间看，只不过是桌子四条腿的四个截面而已，是一个整体的不同截面。

你、我、他，表面上没有关系，如果从四维空间来看，是不是也是同一生命体的不同截面呢？所以佛曰：勿要执着于"我"，我是幻象，我是虚妄，我是无，帮别人就是帮自己，帮自己也是帮别人。要不咋说要与人为善，善待别人就是善待自己呢？

这个例子还说明一个问题——在低维空间中难以解释的怪现象，到了高维度空间就很正常了。所谓消失，只是在你感知的这个空间没了，它可能跑到异度空间了。

五、超弦理论、超膜理论

如果我们构建一个足以解释目前所有物理现象的物理模型，也就是说，将各种基本粒子、各种力都能统一到一个因素上去，那到底需要多少维的空间呢？对此，科学界进行了长时间的探讨，也发生了多次反复。

我们就从1984年说起吧，这一年出现了超弦理论，"弦"就是琴弦的弦。这个理论认为，我们所说的粒子，不是一个点状的结构，而是一根弦，各种不同的粒子不过是弦的不同振动模式而已。大自然中所发生的一切事，都可以用弦的分裂和结合来解释。好奇妙的理论，这个理论一旦成功，就会形成大一统理论，用弦的概念解释一切。

但这个弦在时空中的运动特别复杂，以至于三维空间或者说是四维时空已经装不下它了，必须要有高达十维的时空才能满足它的运动。就如同一个人如果只在地面上走路，则二维空间就足矣，因为地球表面是二维的，但如果玩高低杠，则需要三维空间。

不过，这超弦理论也有问题，因为不同的物理学家提出了五种不同的超弦理论，这五种理论就给出了五种不同的宇宙，难道是想搞平行宇宙吗？也就是说超弦理论内部都不统一，还想统一宇宙的解读？

于是在20世纪90年代，超膜理论横空出世，它在十维超弦理论基础之上，又引入了一个维度，这样就把五种不同的超弦理论统一在其中了；也即是说，从第十一维空间看，这五种不同的超弦理论是一回事儿，就是一个桌子的五条腿。所以说，现物理学家认为这个宇宙是拥有十一维时空的，也就是十维空间加一维时间。

千万不要因为你感受不到十一维，就觉得它不存在。就像我们也听不到超声波，你能否定它的存在吗？你能看到红外线吗？

总结一下，超弦理论认为每一种基本粒子不是一个点，而是一根弦，不同的弦有不同的振动模式，这样就分别对应了不同的粒子。按照超膜理论的看法，这个拥有十个维度的弦是绕在第十一维度的膜上。

我们把话题转回来，这《三体》小说中的十一维空间，还真不是空穴来风，而且是物理学最新潮的理论。书中还提到智子与三体世界的实时通讯，也牵涉当下很时髦的量子纠缠的原理，以后有机会再讲。

六、大刘蒙人

不过，大家也要小心，大刘也会蒙人。书中提到一个"接触符号"理论，还说是比尔·马修建立的，说得有鼻子有眼。我挺好奇，这理论我咋没听说过，结果网上一查，说这是刘慈欣创造的理论，原来比尔·马修也是大刘编造的人物。

另外，如果可以的话，我愿意给大刘一点小小的建议，对一些引入的科幻意象，最好再给点解释，这样才更令人回味无穷。比如说，三体人在乱纪元时就将自己脱水、休眠，恒纪元到来时，再浸泡复活。这个假想很有意思，不过是不是该给读者解释一下，脱水成纸片了，咋还能浸水后复活呢？

科幻就应是在预想之外，但又在情理之中嘛。其实这个很好解释，就是"物竞天择，适者生存"。在三体系统的自然选择中，具有脱水再生能力的三体人就活了下来，而且将这种能力传给了下一代，而不具备这种能力的三体人，早就在那种险恶环境下被淘汰了。

拉拉杂杂说了这么多，其实还没有说到本次的核心内容。既然谈《三体》这本书，那三体问题本身才是主话题，因为大刘不只是将三体作为了书名，这也是贯穿整本书的主线索。

第二节 科学版的"三体"

一、引子

虽然笔者是在小说获奖后才知道这本书的，但还是聊得神清气爽、脑洞开。当我第一次听到《三体》这个名字时，心中就一动，莫非它就是指传说中的三体问题？还是基督教里的三位一体？当我看到《三体》的英文版就叫《Three-Body Problem》时，我顿感如释重负，它正是大名鼎鼎、威名赫赫、令无数英雄竞折腰的三体问题。

为什么在中文版中就只叫"三体"呢？叫"三体"，给人以无限遐想和"瞎"想的空间，很有科幻、玄幻、奇幻的意味；如果叫"三体问题"，就显得过于严肃，有点拒人于千里之外的感觉，所以叫《三体》真的很好。那英文版为什么不直接叫"Three Bodies"，而要画蛇添足地叫《Three-Body Problem》呢？大多数人都晓得，Body 的意思比较多，比如身体、肉体，还有尸体，若叫 Three Bodies，是不是感到很恶心、很恐怖呢？于是乎《Three-Boody Problem》，显得那么雅致而又庄重。其实，三体问题还真是一个很大的学术问题，数学界、物理学界一直在苦苦追索、探求，在其上栽倒的数学家、物理学家不计其数。

三体，是天体力学中的基本模型，用来研究三个天体在万有引力作用下相互之间的运动规律。拓展开来就是多体问题、N 体问题，去研究 N 个天体在万有引力作用下的运动规律。

二、多体问题：一体到三体

小说中引入三体问题的方式很讨巧，不但通俗易懂，而且还很有画面感。

数学天才魏成感到人生无聊，来到寺院寻求解脱，方丈嘱咐以"空"之理念。当晚，魏成在寺院的小屋中辗转难眠，开始用"空"来填充自己，于是在意识中创造一个"空"的无际太空，然后又在这无限的空间创造了一个球体，那球体悬浮在"空"的正中，没有任何东西作用于它，它永远不会运动。

此时魏成所想的就是 N 等于 1 的情况，也就是一体问题，大家都知道一个物体在真空中不受任何作用力，就会保持原来的运动状态，要么静止，要么匀速运动，保持惯性，保持它一贯的特性，这就是大家永生难忘的牛顿第一定律。其实，静止和匀速运动是一回事，就看你怎么选择惯性系了。公共汽车在大街上匀速运动，这是以大街为参照系的；若以公交车的车座为参照系，那公交车就是静止的。

接着看小说里的魏成，他嫌一个球体太寂寞，于是创造出了第二个球体，与原来的球大小相等。如果没有初始运动，它们很快会被各自的引力拉到一起。如果有初始运动且不碰撞，它们就会在各自引力作用下相互围绕对方旋转。

此时魏成所想的就是 N 等于 2 的情况，即所谓二体问题。太阳和地球就是一个二体问题。有人会说，太阳系里还有其他行星，为什么能将之看作二体呢？问得好，严格来说这太阳系的确是个 N 体问题，至少是太阳加上八大行星的九体问题。但是太阳质量太大了，其质量是其他星体质量总和的七百多倍，也就是说太阳系中所有行星质量加起来的总和还不到太阳质量的七百分之一。大家都知道，质量越大，引力就越大，这样我们在考虑地球和太阳的关系时，就可以忽略其他星体的引力了，于是就成了二体问题。二体问题在数学中好处理，其物理图景很清晰，轨道一般是椭圆，也有双曲线和抛物线。

如此简单的物理图景，令数学天才魏成觉得不过瘾，于是引入第三个球体，具有三球的宇宙陡然间复杂了起来。三个被赋予了初始运动的球体在太空中进行着复杂的、似乎永不重复的运动，无休无止。这个三体问题，他开始想不通了。为什么呢？魏成不是数学天才吗？

书中主人公汪淼解释得很形象：三体世界中的太阳，为何没有运动规律呢？是因为这个世界中有三颗太阳，它们在相互引力的作用下，做着无法预测的三体运动。当行星围绕其中的一颗太阳做稳定运动时，这是恒纪元；当另外一颗或两颗太阳运行到一定距离内，其引力会将行星从它围绕的太阳边夺走，使其在三颗太阳的引力范围内游移不定，这是乱纪元；一段不确定的时间后，我们的行星再次被某一颗太阳捕获，再建立稳定的轨道，恒纪元就又开始了。这好似一场宇宙橄榄球赛，运动员是三颗太阳，橄榄球就是这颗行星。

紧接着，书中富有想象力地讲道：三体世界存在于半人马座星系，那里就有三个太阳，经历着几百次灭绝重生的轮回，希望解决三体问题，也就是得出三体的精确解，给出三体的万年历，这样三体中生活的生命，就可以根据规律决定他们何时脱水、何时复苏，过上正常的生活，从而不必大规模宇宙移民。但这些三体人一次次地失败了，尽管他们科技已经非常发达，却解决不了三个太阳的运行规律。于是他们开始寻找可以进行大规模移民的星球。

说到这里，笔者不由得想到了我们人类的世界，多好啊。看看地球，多乖，每天不但老老实实地自转，还毫无怨言地绕着太阳转，福气啊。我们太阳系的主要星星大多很乖，老大太阳，乖；八大行星，一个比一个乖；大个头彗星。比较乖；小行星，有点不乖，就是有些流星不太乖，但无伤大雅。我们的太阳系真是太美好了。

三体运动如此复杂而混乱，这是大刘凭空想象出来的吗？不，它确是科学界的大问题。让我们回顾一下科学版的三体问题。

三、三体问题的历史

早在 17 世纪，牛顿就提出了三体问题，并且想具体研究一下太阳、地球、月球这个三体系统的运动规律，结果牛顿这么厉害的人，竟然是铩羽而归，搞不定，想破了头，都解不出它们之间在万有引力作用下的运动规律。

在随后的两百多年中，多少数学家、物理学家乘兴而来、败兴而归，三体成了老大难问题。再后来到了19世纪后半叶，德国数学家布伦斯、法国数学家庞加莱等人证明，就不可能找到三体问题的通解。

找不到通解，那我们就求近似解，求在某个特定时间点的数值解。按照这个路子，庞加莱最终发现，这也是不可能的。因为在三体系统中，由于引力之间非线性的互相干扰，即使初始数据有极微小的偏差，随着时间的演化其轨道也会截然不同。人类采集初始数据即使再精确，也不可能一点不差。只要差一点，你算出来的轨道就和实际轨道完全不一样，这就意味着想求得三体问题的近似解也是不可能的。

说到这里，估计已经有人反应过来了，三体对初值的高度敏感性。不就是混沌现象吗？不就是笔者曾经讲过的蝴蝶效应吗？的确是，而且我在《第一章蝴蝶效应》中就提到过三体问题。

2-1 儒勒·昂利·庞加莱

庞加莱，他在现代数学史上占有举足轻重的地位，被称为现代数学的两个奠基人之一，另一个是黎曼；他还被称为历史上精通当时所有数学的最后两个人之一，另一个是希尔伯特。那有人会问，现在咋没有这种人了？难道今人还不如古人吗？当然不是，因为学科发展越来越精细化，别说隔行如隔山，就是隔一个子行都如隔山。例如，日本为何在二战时坚信其所用的紫色密电码的保密性极高？就是因为请教过日本当时著名的数学家高木贞治，他说这个密电码具有无穷的组合，是永远无法破解的，绝对可靠。结果让日本海军彻底栽进去了，这就是不懂乱说造成的后果。高木贞治是搞代数的，怎么可能了解密码学中的道道呢？你当你是庞加莱，还是希尔伯特呢？

庞加莱通过研究三体，严格证明了系统对初始条件的敏感性，这是人类对混沌理论最早的研究。可惜他没有深入钻研下去，也没有发明混沌或蝴蝶效应这种抓人心的词儿，所以现在一说起混沌、蝴蝶效应，一般都归功于气象学家洛伦兹了。此处不再多说。

关于混沌的不可预测性，《三体》小说中有这样一个场景，主人公汪淼又一次进入三体游戏。在游戏里，有个科学顾问对汪淼说：已经确切证明，三体问题无解，三体是一个混沌系统，会将微小的扰动无限放大，其运动规律从数学本质上来讲是不可预测的。而游戏中的爱因斯坦愤愤地说：上帝是个无耻的老赌徒，他抛弃了我们。

看到这儿，我有些皱眉头了，大刘啊，爱因斯坦怎么可能说出这样的话？

首先，混沌是个伪随机现象，表面上是随机的，但实质上是决定论的，这一点爱因斯坦怎么会不晓得？其次，爱因斯坦是决定论的信仰者，连量子力学的哥本哈根学派所认定的微观粒子的真实随机性都不相信，怎么会认为上帝是赌徒呢？

有人会说，你是不是有点儿较真了？这只是小说中编写的一个情节，而且还是小说中游戏的情节，又不是爱因斯坦真的如此说过，至于如此吹毛求疵吗？至于，绝对至于。

作者在整部书中，尤其在三体游戏里，所涉及的人物语言大多是自己编造的，但都在追求符合原人物的思想特点、行为特征。比如，书中的周文王试图用六十四卦来解读宇宙密码，预测三体的运行规律，我耳边仿佛想起了曾经的晨读课文"文王拘而演周易"。如果让周文王拿个魔方，来推演三体运动，岂不成了恶搞？而书中的孔子创造了一套三体的礼制系统，企图据此预测太阳的运行。这样说就很贴切，能令我会心一笑，仿佛主张"克己复礼"的孔老夫子跃然纸上。大家试想想，如果孔子一出来就说三体运动就是法、术、势，韩非子岂不喷饭？墨子是玩技术、玩光学的，所以书中就说墨子认为宇宙是个大机器，还制作了一个宇宙模型，试图模拟出三体未来的状态。说得很到位，很贴切，如果书中说墨子是坐而论道，口中念念有词地说：我心即是宇宙，宇宙就是我心。那你到底是在说墨翟，还是在说陆象山、王阳明呢？即便爱因斯坦在书中粉墨登场，也是抱着小提琴，这就很符合真实的小爱好，你非让爱因斯坦拉二胡，拉"二泉映月"，恐怕阿炳也消受不起啊。

举了这么多例子，是想说明，虽然是科幻，虽然是科幻中的游戏，但所编撰的人物语言和行为也要尽量符合真实人物的思想特点，这一点大刘非常懂得，而且也运用得非常好。但，智者千虑必有一失，让爱因斯坦说"上帝是赌徒"，这是非常非常不恰当的，那让谁说？当然是波尔了，这位坚信上帝是掷骰子的人。掷骰子，啥东西？波尔的思想在此不细说，以后专门讲量子理论时再好好聊他。

好了，我们把话题转回来，还是继续说三体。

四、三体问题还是四体问题

小说中就是根据三体问题的原理，进行了这样的构建：在距离地球四光年的半人马座，有一个由三颗恒星和一颗行星所组成的系统。所谓三颗恒星就是三个太阳，其中的行星发展出一个高等文明，就是所谓"三体文明"，这些高级生命就称为"三体人"。三体人为了搞清楚三个太阳的运行规律，进行了前赴后继的努力，终于明白这三个太阳的运行轨道是混沌的，是无法计算的。自己的行星只能在这个系统里上蹿下跳、忽东忽西，一天到晚跟个没头苍蝇似的。三体人因此饱受煎熬，时而三个太阳都关照他们，热得要死；时而都远离他们，冷得要命。更可怕的是，他们自己的行星迟早会被这些太阳吞噬，移民其他星球是唯一的活路。

讲到这里，大家或许发现了一个问题，小说构建的系统是三个恒星和一个行星，也就是说，书中所基于的是四体问题，而不是三体。这能不能算作小说中的一个小问题呢？也算也不算，三体中都有了混沌，那四体中绝对是超混沌，也就是说，无论三体还是四体，都有着同样的原理：运行轨道无法预测。

五、三体游戏

《三体》书中对三体问题和三体世界的引入非常巧妙。如果直接讲三体问题，估计太学术，虽然是硬科幻，也不能硬得让人啃不动；或者直接引入半人马座的三体世界，又令人感到太虚幻，有一种凭空杜撰、不接地气的感觉。

而小说以三体游戏来切入，真的是匠心独运。既然是游戏，读者就不会当真，心态比较放得开。而且游戏中的人物都是大家耳熟能详的，商纣王、周文王、伏羲、孔子、牛顿、冯·诺依曼等，这在不经意间，就将中国传统文化与西方文化交融其中。

文中通过主人公汪淼玩了三四次游戏，就将一个生动而又残酷的三体世界活灵活现地呈现在读者面前了。而书中还不断强调，这三体游戏令玩家觉得其设计者有特殊的隐藏目的。这令读者急欲求索、欲罢不能，也为后来三体世界的出现做好了铺垫。

这样，当真实的三体世界粉墨登场之际，虽在读者预料之外，却在情理之中了；而三体游戏正是地球上的内奸用于发展组织成员的一种手段，壮大自己的组织，更好地效忠于三体世界。

因为三体游戏坚实的铺垫，真实的三体世界对读者来说就不再空洞、陌生，而是一个丰润饱满的世界了，看着很亲切，好像接触过很多次。也即是说，游戏的内容终于落地，在这个基础上，三体世界欲移民地球，同时担心地球科技超过自己，从而制造智子来控制地球科技的精彩画卷，就很自然地一幅幅展开了，科言幻语，美不胜收。

第三节 深挖三体问题

难倒无数英雄好汉的三体问题，我却讲得太通俗，估计有人会觉得不过瘾、不给力。《三体》是硬科幻，咱也要上点儿硬菜，硬碰硬，才能碰触出更绚丽的火花。但我要讲得太学术，大家又有可能倒了胃口。世上安得双全法，不倒胃口不落俗？我力求行走在学术与通俗的边缘。

其实，小说中已经涉及了比较专业的说法，比如汪淼问魏成是否知道庞加莱，魏成答复如下："全世界都认为庞加莱证明了三体问题不可解，可我觉得可能是个误解。他只是证明了初始条件的敏感性，证明了三体系统是一个不可积分的系统，但敏感性不等于彻底的不确定，只是这种不确定性包含着数量更加巨大的不同形态……"果然好专业。不过别着急，我们从头来说。

一、三体微分方程

物理学如何研究宇宙中的物体呢？其实就是对所要研究的系统建立数学方程，然后把方程解出来。也就是说，这个系统将来的运行规律就呈现在这个方程的解之中。有了这个解，我们就可以知道在任何一个时间点下这个系统中所有物体的位置、速度。但这一切需要两个前提：一是这个系统的方程可以正确地建立起来，二是这个方式是可解的。

大家应该记得，并不是所有方程都是可解的。回忆一下我们的高中数学，一元二次方程$ax^2+bx+c=0(a\neq0)$的求根公式，它的求根公式如下：

$$x=\frac{-b\pm\sqrt{b^2-4ac}}{2a}\ (其中a\neq0)$$

换句话说，这个求根公式就是一元二次方程的通解。所谓通解，就是这个公式完全是通用的；一元三次方程和四次方程也有求根公式，或者说也有通解。

但是，一元五次方程就没有求根公式了，这个问题曾经困扰数学家三百多年，后来伽罗瓦证明了一元五次方程根本就没有通解，换句话说，根本就解不出来。

进行了这么多铺垫，我们可以尝试建立三体的数学方程，看看能不能求解。

因为三体是由三个天体构成的系统，所以必须要对三个天体分别建立方程。那我们靠什么建立呢？靠牛顿第二定律$F=ma$，即物体所受力F等于其质量m与加速度a的乘积。那三体系统中某一个天体所受力，就是它分别与另外两个天体之间的引力之和。

引力怎么算呢？有万有引力定律：

$$F=\frac{GMm}{r^2}$$

这纯粹是高中物理知识，其中G是引力常数，M和m是两个物体的质量，r是两个物体之间的距离。这个公式告诉我们：两个物体之间的引力大小与它们的质量成正比，与它们之间的距离平方成反比。

这其实是很直观的，个头越大，引力越强；距离越远，引力越弱。

有了万有引力定律，$F=ma$的左侧力F就解决了，那么右侧ma之中的a怎么处理？a就是加速度，加速度就是位移的二阶导数。导数，我在这里简单地解释一下。我们上小学的时候就知道：走过的距离除以所用的时间就是速度，就是说，单位时间的位移就是速度。换句话说，位移对于时间的变化率就是速度，而导数就是变化率，所以说位移对时间的导数就是速度。

继续想，速度的变化率不就是加速度吗？所以速度的导数就是加速度，而速度又是位移的导数。所以，加速度就是位移的导数的导数，我们不绕口令，就简称为二阶导数。即：加速度是位移的二阶导数。

这样 F=ma 这个方程的右侧我们也搞定了，a 就是位移的二阶导数。

同样，我们可以分别建立另两个天体的方程，这样就得到了三个方程，当然是矢量方程。因为里面有导数存在，所以我们将之称为常微分方程组，其中蕴含了三体运动的规律。

我们可以看一下这个方程组的相貌：

$$m_i \ddot{r}_i = \sum_j \frac{m_i \, m_j}{r_j{}^3 \, x} (r_j - r_i) \qquad (j \neq i; \ i,j = 1,2,3)$$

看着是有些可怕，大家感受一下气质就可以了；接下来，让我们一起来分析一下它的精神。

二、三体方程的解析解

刚才说这个方程组中蕴含了三体运动的规律，但这只是"蕴含"，还没有呈现出来，因为我们从方程本身，还不能直接看出来三体的运行轨道，需要把方程解出来，从而直接呈现位移与时间的关系。也就是说，如果从方程中解出一个位移与时间的公式，那么三体在任何一个时刻所在的具体位置不就可以被精确预测了吗？如果三体人解出了这个方程，乱纪元何时到来，恒纪元何时出现，事先就可以知晓，也就是书中所说的：他们希望得到一个万年历，这样就可以该脱水时脱水，该复活时浸泡，就不至于那么悲催了。

三体文明那么发达，怎么就解不出这个方程组呢？刚才说了，这三个方程中含有位移对时间的二阶导数，若想获得位移与时间的直接关系，就必须将它俩从导数的枷锁中解放出来；要想解放，就要打碎这个"枷锁"，就是说要对导数进行反向操作，这个反向操作就叫积分。打个比方，加法的反向操作是减法，除法的反向操作是乘法，而导数的反向操作是积分。

这个三体方程解不出来的原因，就是对之进行完全的积分不可能实现，这已经被严格证明。这太专业，没法说。不过可以有这样一个感觉：很多操作的反向操作是不可能的，比如说7-5=2，但反过来问你，2是几减几得出来的？没辙了吧？一定是7-5吗？为什么不会是8-6、9-7呢？也就是说我们无法确定2是几减几得出的；换句话说，这个操作过程是不可逆的。同样，导数的反操作——积分，经常是不可逆的，或是不可积的。

不过大家一定要注意，解不出来不等于解不存在。事实上，常微分方程的解是唯一存在的，这也被严格证明了。这真是：你见，或者不见，"解"就在那里，不增不减。

肯定有人会说：既然有解又唯一，那就肯定能解出来啊。真的解不出来！也就是说，有解与"不可解"之间并不矛盾，这还真有点哲学的味道了。要不说学问搞大了，就都成哲学家了嘛。

三、三体方程的数值解

其实我说了这么多，内行人可能会有些不耐烦，微分方程大多都没有通解，这有啥奇怪的，可以用数值方法来解决嘛，但数值解会碰到初值敏感性问题，也就是所谓的"混沌"。这里我们略微展开一下。

对于三体方程，我们无法获得其解析解，也就是不能像一元二次方程那样获得一个求根公式。这样，我们就无法得到一个随时间变化的函数，来描述三体的确切位置。

人类会妥协，既然这条路不通，我们能不能利用计算机来求方程的近似解呢？这就是数值方法。计算机的特长就是运算特别快，但自己没有原创性，你让它解方程，那是不可能的，但如果设定好一个方法或程序，让它大量运算，这是计算机的特长。至于如何将微分方程转化为让电脑来计算近似值，这是一门专门的学科，叫计算数学。大概可以这样理解：计算机按照一定的程序，一步一步地前进，能够将所需要的某个具体时间点的位移数值算出来。虽然有点儿误差，但一般在我们可以接受的范围之内。

既然这样，对于三体人来说，三体问题不也可以解决吗？让计算机算出来什么时候出现乱纪元、什么时候出现恒纪元，即便误差个把天也无所谓啊。但是，就这也做不到。为啥？因为三体方程是一个非线性系统，其中有平方项。非线性就会导致混沌，也就是说三体系统会对初始条件极度敏感，即便极其微小的差别，也会随着时间的推移而无限放大，这就是蝴蝶效应。这种效应使得我们对三体问题的一切解决方案都会失效，即便是数值方法。有人说，给定初始条件很容易啊，我们可以进行观测，但观测技术无论如何改进，获得的观测值总是有误差。这在一般系统没事，但在混沌系统中，这是要命的，再小的误差随着时间的演进都会被无限放大，算出的结果就和三体实际的运行轨道南辕北辙了。

总而言之，三体问题是不可解的，无论是解析解还是数值解，于是三体人的命运就必然是悲惨的。

四、三体方程的特解

顺便说一下，三体问题虽然无法求得通解，也无法得到普遍靠谱的近似解，但在一些特殊条件下可以得到几组周期性的解，我们把这种解叫特解。

周期性特解有点抽象。想象一下，三个天体在空间中的分布可以有无穷多种情况，它们的运动貌似杂乱无章，不像地球绕太阳，一年三百六十五天，不就是地球绕太阳的周期吗？所以说地球绕太阳是周期性运动。但在三体中，这种周期性运动是很罕见的，必须找到合适的初始条件 —— 起始点、速度等，才能使系统在运动一段时间之后回到初始状态，即进行周期性的运动。这种合适的初始条件所形成的周期性解，就叫特解。

小说借魏成之口说：世界上三体问题最新进展，用"逼近法"的算法，找到了三体运动的一种可能的稳定形态；在适当的初始条件下，三体的运动轨迹将形成一个首尾衔接的8字形。

这是真的，不是编造的。这是1993年美国数学家克里斯·摩尔发现的，在一种特殊条件下，三个天体的运动似在一条"8"字形的轨道上互相追逐。想象一下，三个天体互相追，还是绕着"8"字形的轨道，这大概是宇宙中最悲催的三角恋，就是甲追求乙，乙又追求丙，丙又追求甲。为什么电视剧中没有出现过这种情节呢？你稍微想想就会明白。

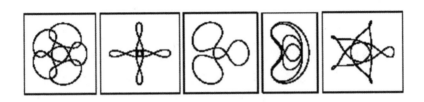

2-2 几种特殊情况下三体问题的运动轨迹

寻找三体问题的周期性特解也是很困难的事，截至目前最新成果，一共发现了十三组特解。

总之，三体问题的一般轨道是杂乱无章的，不具有周期性，所以也就无法找出其中的规律，但有一些特殊情况，能让三体保持在一个周期性的轨道。当然了，小说中并没有将三体设定为周期性的特解，否则三体人就会发现三体运行的规律，小说的整个基石就被抽掉了。

五、月球、地球、太阳的三体问题

说到这里，有人应该意识到，月球、地球、太阳就是一个三体系统啊，为何始终有稳定的轨道呢？这是因为，地球到月球的距离和太阳到月球的距离相差太大，地球和月球的间距相对月球和太阳的间距就可以忽略不计，可以把地球与月球作为一个整体来对待。如此一来，三体问题就变成了一个二体问题。二体问题是可以顺利求出通解的，所以地月系统就在周期性地绕着太阳转动。

说白了，月球、地球、太阳虽然构成一个三体问题，但这不是一个真正的三体，不是一个"杠杠"的三体。"杠杠"的三体应该是这样的：都是恒星，一个级别，质量差别不是很大，相互之间距离差别也不是很大。比如说，我和地球、太阳，能不能说也是一个三体？当然能，但我质量太小，且与地球太近，所以三体就变成了二体，我就"坐地日行八万里，巡天遥看一千河"。

那在地月系内部，太阳有没有干扰月球绕地球运转呢？有的。

毕竟月球还是有些个头的，所以太阳对它有一定的摄动，但地球对月球的引力比太阳对月球的摄动力大九十倍。所以这个摄动没有改变月球的大轨道，但有一定影响，它使得月球的真实轨道其实是瞬时椭圆族的包络线。就像把电炉子的中央看作是太阳，螺旋电炉丝的中心则为地球，而那一圈一圈的电炉丝就是月球的轨道。

六、三体的实际观测

小说作品中的三体世界，是有真实原型的。正如小说中所说，在半人马座有一个三体世界。

用天文学语言来说，半人马座是由阿尔法（α）星群和贝塔（β）星群所构成的。α星群就是由三颗恒星所构成，分别称之为A星、B星和C星，这个C星是距离太阳系最近的恒星，所以也被命名为"比邻星"，距离我们4.2光年。

光年是一个距离单位，是光走一年所经过的距离，大得实在吓人，我们平时是用不到的，但天体之间的距离动辄都是很多光年。这个C星距离我们4.2光年，这意味着，我们仰望星空，看到的这颗比邻星，其实是四年多前的它。

其实，我们看到的星空，都是过去的星光。每颗星星与地球的距离都非常遥远，有的10光年，有的100光年，所以你看到的图景，是不同星星在不同时期的拼图，而我们却错误地认为这些繁星是在同一时刻，甚至是此时此刻的景象。甚至我们白天看到的太阳，也是8分钟前的太阳；你看到的对面那个人，也是 0.000000001 秒前的那个人，此时此刻的人或物，你永远看不到。我们活在过去式中，除了你的思维——我思故我在，是现在进行时。

我们此处讲的 α 星群中的 ABC 三个恒星，当然是一个三体系统，但它们的运行轨道一点儿也不混沌。怎么回事儿？原来这个三体也不是一个标准的三体，A 星和 B 星离得比较近，形成了一个双星系统，而 C 星离得非常远，于是 C 星就绕着 AB 星的质量中心在公转。也就是说，这个三体其实是一个近似的两体系统，难怪很稳定。

不过让人震撼的是，2012 年，天文学家竟然发现在半人马座 α 星群中有一颗行星，而且与地球大小差不多，这难道就是小说所预言的三体世界中的行星吗？这行星上会有高级智慧生命吗？回答是令人遗憾的，这个行星距离 B 星很近，所以稳定地绕着 B 星公转。因为太近了，那里热得难以想象，若真有三体文明，就只能脱水到永远了。

七、书中貌似一BUG

既然书中已经明确了这三体世界就在半人马座的三星，也明确了距离地球只要 4.2 光年，而且书里还提到三体舰队的速度是光速的 1/10，这样三体人到达地球也就需要 40 年左右。那三体的元首干吗要担心人类科技在这期间超过他呢？难道加速发展的人类科技，能在 40 年内超过已经可以把质子展开的三体文明？感觉这是一个很大的漏洞。

我转念一想，作者是写科幻的老手，不至于有这么低级的问题吧。于是又翻开书，发现 1/10 光速是三体舰队能达到的最高速度，而且这个速度巡航很短的时间就要减速，因为三体舰队是以反物质作为能源的。而在太空中收集反物质的速度非常缓慢，要经过很长时间才能收集到足够让舰队再次加速的反物质。

如此说来，三体舰队到达地球就是一个很漫长的时间，按照书中的假设，地球文明是加速发展，而三体文明是匀速发展，等三体舰队到达地球，确实有可能被地球文明超过。

说到这里，我想肯定有不少读者对刚才所说的反物质感兴趣。光听这名字就挺科幻的。反物质是什么？为什么搜集它很困难？三体世界的科技那么发达，质子都能展开，为何不能大量生产制造反物质？且听我一一道来。

反物质是由反粒子构成的。什么是反粒子呢？大家都知道电子的电荷是负的，那么有带正电荷的电子吗？有，就是正电子，正电子就是电子的反粒子，那么带负电荷的质子就是质子的反粒子。有人会问，中子本来不带电，是不是就没有反中子了呢？有的，因为反粒子不只是把电荷反过来，还反其他的属性，比如反中子是把中子的磁矩反了，在此就不详细展开了。这里要强调的是，粒子与反粒子一碰面就会同归于尽，全变成能量了，通俗点说就是爆炸，而且是全炸了。物理上，把各种成对的粒子与反粒子相遇释放能量、同归于尽的现象，称为"湮灭"效应。

宇宙中确有反物质存在，但正如《三体》一书中所说，非常稀少，很难搜集。三体人为何不制造反物质呢？以目前地球上的大型强子对撞机来制造，要对撞一千年才能够对撞出一微克反物质。有些科学家认为，宇宙中某些星球完全由反物质组成。如果这样的话，就相当于现在的大煤矿、大油田，人类将来就不用采煤、采油了，直接去开采反物质。但问题是，拿什么容器去装反物质呢？因为反物质一碰到我们地球的正物质就"湮灭"了。采回来的反物质弄不好直接就大爆炸了，其威力之大令人恐怖。

实际上，美苏两国早就开始着手研制反物质武器了。据说美国军方正在秘密研制以反物质作为弹药的"质子炸弹"；而苏联在20世纪50年代就开始从事反物质武器的研制工作。当然，中国也没闲着，比如"中国反物质武器之父"赵忠尧。

反物质武器的威力比原子弹大一千倍。为啥？物质和它的反物质相遇时，会发生完全的物质—能量转换，也就是说质量百分之百都爆炸掉，都变成能量了。而原子弹所基于的核裂变，只是使得原子核质量的千分之一转化为能量。这就是差距。

一旦人类掌握了反物质武器，就不是摧毁一个城市的问题了，可以把喜马拉雅山炸平，可以把太平洋烘干，甚至可以让地球灰飞烟灭。太可怕了，这不是恐怖科幻，是可以预见的恐怖未来。

我在这里不由得要问，人类能等到外星人入侵地球的时候吗？或许，外星人还没到，我们已经因为滥用抗生素而被病菌征服，或者互相使用基因武器变成了植物人，甚至用了大强度、大当量的反物质武器，地球直接就消失了，月球轻轻松松地就变成宇宙难民了。当三体舰队经过无数艰难险阻，终于进入太阳系时，已经找不到地球了。他们不理解啊，人类住在这么好的地方，那么乖的太阳，那么乖的地球，为什么就不能好好生活呢？

看过《三体》一书的读者，会发现我只聊了《三体》第一册，至于《三体Ⅱ》和《三体Ⅲ》，我们以后再谈。

第三章
宇宙的规则：
决定论 or 随机论

Chapter
three

第一节　决定论遭遇挑战

一、引子

　　这一章我们谈一个大话题——宇宙的规则到底是决定论，还是随机论。此等问题关乎宇宙的未来、人类的命运、个人的三观，有识之士不可不了解一二。

　　我们本来素不相识，但此时此刻我们通过文字联系在一起，听我狂聊宇宙的规则。如果你认为这一切是千里有缘，是冥冥中注定的，那么你就是一个决定论者；如果你认为这不过是因为偶然的因素，碰巧翻开了这本书，那你就是随机论的信仰者。

　　所以，随机论就是强调宇宙中发生的事都是偶然的、随机的，宇宙的未来是不确定的。相反，决定论认为：现在的一切决定了未来的一切，未来虽然还没有到来，但一切都已决定好了。所谓偶然只是因为信息残缺，或者还没有发现其内在的因果关系而已。

　　一句话，有因必有果，这就是决定论。而随机论不相信因果规律，认为有这个因，也未必有那个果。到底谁对谁错，一时也难以分辨。

　　其实古人非常相信决定论，他们仰观天象、俯察地理，制作天文历法，甚至能预测日食、月食，这一切就是基于决定论的信仰。

二、经典物理的决定论

科学的日渐成熟更是为决定论插上了理想的翅膀。我们在中学都学过这两个公式：牛顿第二定律 F=ma 和万有引力定律 $F=\frac{GMm}{r^2}$。凭着这两个定律，我们就可以算出太阳系中任何一个天体在任一时刻所处的确定位置。

真有那么神奇吗？19世纪初，为何天王星的运行轨道就和这两个公式计算出来的不一样呢？难道它是"天王"，就可以随机乱动吗？两位年轻人——勒维耶和亚当斯坚信决定论、坚信天王星也会听从牛顿理论的指挥，其之所以运行反常，一定是有一个尚未发现的大星体干扰了天王星的轨道。凭着这个信念，他俩根据牛顿理论进行推演，算出了这个未知星体的轨道，然后告诉天文台，在某月某日在某个位置就会发现这个星体。天文台将信将疑，将望远镜对准那个区域，果然发现了一个很酷的星体，那就是传说中的海王星。

3-1 当时，科学家们大多是非常信奉决定论的，海王星的发现更是将这一信念推至巅峰

在这一刻，人们感慨的不只是牛顿理论的伟大，而且更加感受到决定论的伟大力量，天王星貌似在不听指挥乱动，其实那个"乱"是背后的海王星在捣"乱"，起初觉得它乱，是因为没有找到它乱的原因，一旦将海王星考虑进去，天王星的轨道是相当规律的，服服帖帖地被牛顿定律所决定。可以说，海王星的发现是决定论的巅峰之作。

在这个巅峰之上，有人开始癫疯了起来，他叫拉普拉斯，法国数学家、天文学家，他给出了历史上最有名的决定论陈述：假如我们通晓了整个自然的法则，就能建立起一个无所不包的宇宙方程式，如果知道宇宙在某一个瞬间初始状态的完全而精致的知识（如所有粒子的位置、质量、速度和方向等等），则足以推断它在未来任何瞬间的情况。

大家注意，拉普拉斯的决定论包含了两点：未来是确定的，而且是可以准确预测的。

真的是这样吗？三体问题就让拉普拉斯从巅峰上掉了下来。

三、混沌对决定论的挑战

本节内容主要是对第二章加以线索勾勒和主体深化，具体细节内容可参见第二章"科言幻语聊《三体》"。

1. 三体问题介绍

什么是三体问题？顾名思义，就是寻求三个天体在万有引力作用下的运动规律。这听起来并不难，不就是用牛顿第二定律和万有引力定律列上九个微分方程吗？但方程好列，却解不出来，连牛顿都很无奈地看着这些方程，叹了一句："你好牛啊，比我牛顿都牛。"

后来有不少大数学家都扑上去了，结果都是乘兴而来，败兴而归。

如果三体问题的方程真的解不出来，那就意味着科学不能预测未来，拉普拉斯的决定论就塌了半边天。作为决定论的提出者拉普拉斯脸上挂不住了，仗着自己是数学家，又是天文学家，亲自披挂上阵，迎战三体方程，本指望"温酒斩华雄"，至少也是"吕布战三体"，没成想碰得头破血流，连呼：小的不敢了。

2. 庞加莱、三体问题与混沌、蝴蝶效应

终于有一天，伟大的数学家庞加莱，他把三体问题彻底搞定了。搞定的方式比较特别，那就是：他严格证明了这个问题是解决不了的，给三体问题

判了死刑。

什么意思？他如此传递负能量，不会是庞氏骗局吧？不，真不是。简单来说，庞加莱严格证明三体问题的方程是有解的，但不可能获得它的解析解，也就是说，不可能用数学公式将这个解表达出来；不能表达出来，就意味着不可能预测未来。

退而求其次，求近似解怎么样呢？庞加莱又证明，近似解也不可能追求到，因为它对初值太敏感。物理学家和数学家曾经以为，只要误差控制得足够小，此推算出来的最终结果的误差也可以控制在一定范围之内。

但庞加莱又摧毁了这个信念。他发现三体系统对初值特别敏感，只要初值略有差异，以此推算出的结果就迥然不同；也就是说，初值误差控制得再小，计算机在一步一步地推算时也会指数式地放大这个误差。

用一套科学语言来描述这个初值敏感：就是当一个系统进入混沌状态时，就会产生蝴蝶效应。比如在天气预报当中，蝴蝶是否震动翅膀，会对未来的天气产生翻天覆地的影响，但我们在采集天气的各种初始值的时候，不可能去考虑每一个蝴蝶是否震动了一下翅膀这样微小的因子。一句话，失之毫厘，差之千里。这就是混沌，就是蝴蝶效应。

庞加莱证明，三体问题就是一个混沌系统，要用计算机求方程近似解，只要采集的初值有一丁点的误差，就会导致天壤之别的结果。

可以说，混沌打破了拉普拉斯预测未来的美好理想。但这里必须注意，混沌貌似杂乱无章的轨道，令一些人以为混沌轨道是随机的，这就大错特错了。混沌的实质仍然是确定的、决定论的，只不过是一个伪随机现象。

就拿掷硬币来举例吧。掷硬币，其落地的正反面表面上看是随机的，但其正反面早已由所有因素所决定，只是这些初始信息太多，难以完整采集，尤其是这些信息的微小误差都会导致正反面的截然不同，所以我们才退而求其次，用概率统计的语言来描绘它，不得已将之视作随机过程。可以这样说，我们平时所谓的随机过程没有哪个是真正随机的。像掷硬币这种难以预测结果的现象，是由初值敏感造成的，与真正的随机性没啥关系，千万不要与真正的随机混为一谈。

我们再回到混沌。所谓混沌系统，就是初值微小的差异会在系统演化过程中极度放大，最终导致截然不同结果的系统。所以混沌系统的未来是不可预测的。既然三体都是一个混沌系统，宇宙之中那么多的天体，其混沌程度就可想而知了，所以宇宙的未来是无法预测的，但并不意味着宇宙的未来是随机的。因为在混沌系统中，每选定一个初值，它仍然对应着未来的唯一一个确定结果，所以因果律在混沌系统中依然存在。

所以，我在这里再次强调：混沌虽然告诉我们未来是不可预测的，但并不影响未来的一切是确定的。

第二节　随机论的兴起：量子力学

事实上，无论是牛顿、麦克斯韦的经典物理理论，还是爱因斯坦的相对论，都在告诉我们宇宙的未来是确定的，是决定论的。这样看来，在科学领域，决定论似乎牢不可破。

但一个理论的横空出世，给了决定论致命的一击。

一、薛定谔方程及其概率解释

它就是传说中的量子力学，专门用来解释微观世界发生的事。因为牛顿的方程解读不了微观粒子行为，于是有人重新搞了一个方程，这就是大名鼎鼎的薛定谔方程。这一节我们主要讲量子力学的精神，不涉及太多的数学公式，但薛定谔方程还是要交代一下：

$$-\frac{\hbar^2}{2\mu} \cdot \frac{\partial^2 \Psi(x,t)}{\partial x^2} + U(x,t)\Psi(x,t) = i\hbar \frac{\partial \Psi(x,t)}{\partial t}$$

初看薛定谔方程，颜值很高，有拒人千里之外的气质。但仔细一看也没啥，里面有一个像叉子一样的符号（Ψ），还带了两个自变量x和t，分别代表位置和时间。原来叉子是带了两个自变量的函数，外号"叉子函数"，正式的名字叫"普赛"。好了，现在清楚了，薛定谔方程中有一个函数，读作"普赛x、t"，就是一个带着自变量x和t的函数。方程中的一端是对函数普赛自变量时间t的一阶偏导数，另一端是对位置x的二阶偏导数。其实就是一个微分方程。

3-2 埃尔温·薛定谔

但再一想，有问题，这微分方程也是一个物理方程啊，这普赛函数代表什么物理量呢？你看牛顿的公式F=ma，个个都有明确的物理意义，F就是力，m就是质量，a就是加速度，这$\Psi(x,t)$到底算是什么呢？让我们问问薛定谔——薛老师。薛老师回答曰：这个$\Psi(x,t)$叫波函数，这微观粒子粗看是粒子，仔细看是一团波，所以要用波函数来描写微观粒子。我们继续追问，那波函数$\Psi(x,t)$具体对应哪个物理量呢？薛老师有点儿尴尬，很诚实地告诉我们："俺自己也没搞清楚。"

世界上有这么滑稽的事吗？薛定谔自己搞出的方程，却不知道方程里的波函数代表什么物理量。所以有些人老是纠结，这量子力学的知识我看了不少科普读物了，怎么还是不明白呢？不过连薛定谔都对薛定谔方程没搞明白，我们也能放宽心了。

其实我们能搞懂，只要你继续读下去。

正当薛定谔尴尬于无法解释波函数之际，有一个牛人跳了出来，朗声说道："我知道波函数的物理意义。"大家一看，原来是马克斯·玻恩，一个德国犹太人，此刻他的神情很诡秘，语调有点做作："波函数代表概率。"一语激起千层浪，搞得薛定谔差点喷饭："玻恩，你不要装神弄鬼，好好说话。"玻恩指着波函数继续说："确切来说，波函数的平方就是一个粒子在时间t出现在x这一点上的概率。"

这个解释真是石破天惊。这意味着微观粒子的行为是由概率决定的，即粒子的行为是随机的，而不是决定论的。也就是说：上帝是在掷骰子。如此一来，微观世界的事就没有路数了，谁都不能确定某件事的发生，只能用薛定谔方程计算出这件事是否发生的概率。

玻恩这一番言论，让薛定谔震惊不已，也震怒不已，他表示强烈反对："你玻恩怎么胡乱解释我的方程呢？我的方程我做主，这个波函数对应的不是概率。"玻恩反问："那你说对应的是什么？"（薛定谔："不知道，反正不是概率"）。

我们这些看客糊涂了，到底谁说的正确呢？当然是由实验结果来说话，结果是玻恩大获全胜。薛定谔狠狠地看着薛定谔方程"哼"了一句：你这个逆子，胳膊肘向外拐。

二、电子单缝衍射实验

实验到底怎么支持了玻恩的概率解释呢？让我们仔细看一个实验。

我们在中学时就知道，波具有干涉和衍射的现象。让一束光通过一个狭缝，就能产生出衍射图案，所以说光是一种波。再让电子通过一个狭缝，看看能不能在屏幕上打出衍射的图案。

想象一下，一个电子从左至右通过一个狭缝，然后落在远处的荧光屏上，并打出一个亮点；然后再让另一个完全相同的电子，再以完全一样的方式通过这个狭缝，然后也落在了同一个荧光屏上，也打出一个亮点，这个亮点和刚才那个电子的亮点是否重合呢？按照薛定谔方程也就是按照决定论的说法，这两个亮点应该重合。为啥？因为这两个电子完全一样，方式完全一样，也就是完全一样的因，又遵循完全一样的规律，当然应该有完全一样的果，所以两个亮点应该完全重合。但实际情况是，并不重合！

然后继续让同样的电子一个一个地通过狭缝，不断地在荧光屏上打出亮点，起初感觉这些亮点的分布是杂乱无章的，随着成千上万的电子不断通过狭缝，不断落在荧光屏上，规律开始展现了出来：荧光屏上开始呈现出明暗相间的条纹。明条纹就是电子落得比较致密的地方，而暗条纹就是电子落得比较稀疏的地方。这一切正合乎玻恩的预料，因为他刚才说了，波函数ψ（x，t）的平方代表一个粒子在时间t出现在x这一点的概率。所以亮条纹就是电子出现概率大的地方，而暗条纹就是电子出现概率小的地方。这就是电子单缝衍射实验，明暗条纹就是衍射图案。

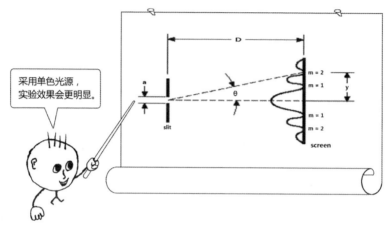

采用单色光源，实验效果会更明显。

3-3 电子单缝衍射实验

这个实验意味着真正的随机现象出现了。完全一样的电子，通过同一个狭缝，落在同一个荧光屏上，却落在了不同的位置。虽然每个电子落在哪个位置是无法确定的，但是可以计算出每个电子落在不同位置的概率。

难道微观粒子的行为真是随机的吗？决定论者无法接受这个观念，以我们的常识，我们也无法理解，如何反驳这个实验的解释呢？只有一条路，就是：那些成千上万完全一样的电子其实是有差异的，只不过我们还没有发现那个差异，正是这个没有发现的差异导致了它们通过狭缝后落在荧光屏的不同位置上。但这个反驳有点儿苍白，因为按照随机论的解释，也就是按照玻恩的解释，可以用薛定谔方程算出电子落点的概率，而决定论者只是在猜想这些电子是不是哪里有差异。

于是量子论的先驱尼尔斯·玻尔出来说话了：上帝是掷骰子。意思就是说，这个宇宙的规律是基于随机论的，而不是决定论。薛定谔对此坚决反对，他不相信上帝靠概率来运行世界，现在的一切应该决定未来，前因决定后果，这个信念怎能动摇？玻尔轻轻地拍了拍薛定谔的肩膀，说道："看来薛定谔方程比你薛定谔要聪明啊。"

薛定谔的脸一下子就如少女般绯红，这也太令人尴尬了，自己搞出来的薛定谔方程，被玻恩解释成了概率，而且还特别符合实验结果。玻尔干脆断言上帝掷骰子，把薛定谔方程奉为神明，却视薛定谔若无物，世间之尴尬莫过于此。

三、哥本哈根学派的解释：态叠加原理

哥本哈根学派的领袖就是玻尔，还包括玻恩、海森堡、泡利等人，他们认为量子力学本身是完备的，微观世界就是随机论所决定的，也就是说：上帝是掷骰子的。他们如何解释刚才讲的电子单缝衍射实验呢？也就是说，为什么完全一样的电子，通过同一个狭缝会落在荧光屏的不同位置呢？

哥本哈根学派是这样解读的，这个电子的行为是由波函数 $\psi(x,t)$ 所决定的，而波函数的平方就是这个电子在时间t处于位置x的概率，就是在不同的位置x，电子都有出现的概率，换句话说，在任何一个时间t，电子可能出现在空间的任何一个位置。如果非要问，此刻电子到底在哪个位置呢？在没有对它观测之前，问这句话是没有意义的。如果硬要问，哥本哈根学派会这样回答你："电子无处不在，而又无处在。"它是以一定的概率分布在整个空间之中，我们可以通过求解薛定谔方程来求解波函数 $\psi(x,t)$，从而获得它在空间分布的概率，但不可能确定地知道它到底在哪个位置，这是电子本身的性质所决定的，并非是我们信息不全造成的。

听完这个解释的读者一定会追问，既然电子以概率分布在空间任何一个位置，那为何打在荧光屏上的一个确定位置上了？对啊，电子落在荧光屏上，在一个确定位置上显示了一个亮点，这怎么解释？哥本哈根学派认为，在没有对电子进行观测之前，它处于各种可能性的叠加状态。你追问："到

底在哪个状态，你是不是不清楚？"他们会告诉你："它处于叠加态，我可以算出它在哪个状态的概率。"你对这个回答很不满意，决定观测一下，于是找来一个荧光屏，竖立在电子的必经之路，结果发现电子与荧光屏互相作用，产生一个亮点。你指着亮点兴奋地说："瞧，它在这里，就在这里。"

他们很宽容地对你笑一笑，循循善诱地说："我们再让一个完全一样的电子通过这个狭缝，再观测一下看看落在哪个位置？"如果你是一个决定论者，你应该确信，这个完全一样的电子应该落在荧光屏的同一个位置，但事实不是这样的，它落在了另一个位置。完全一样的两个电子通过同一个狭缝，为何会落在荧光屏的不同位置呢？哥本哈根学派狡黠地一笑，说道："因为这两个位置都是电子所处的状态，当你拿荧光屏观测它的一刹那，它就会选择其中一个状态展现给你，在荧光屏上打出一个亮点。它会选择哪个状态？也就是它会选择荧光屏的哪个位置来展现自己呢？这是随机的，但有着确定的概率，这个概率可以通过求解薛定谔方程的波函数来获得。"

你听完这个解释，似懂非懂，似信非信。于是想定量地考察一下这个解释对不对。于是质问道："你凭什么说电子落在哪个位置有确定的概率？"他们悠然说："这个好办，先用薛定谔方程计算出电子的波函数ψ（x，t），从而就知道了它在荧光屏每一个位置x处出现的概率；然后再让成千上万、上百万的电子，而且是完全一样的电子通过狭缝，看看它们在荧光屏上亮点的分布，是不是和我计算的概率符合。"结果你发现，荧光屏上的亮条纹，也就是电子落得比较密集的地方，果然就是电子波函数所展示的概率大的位置，反之暗条纹之处，正是电子出现概率小的地方。

此时此刻，你是否服气或是否认同哥本哈根学派这个态叠加原理？即电子在没有测量之前，是各种位置叠加的状态，当你观测它时，它就会以一种确定的状态展现出来。

大家有没有意识到，这个解释很可怕，这意味着电子在哪个位置，最终由你的观测影响。你没观测前，电子处于各种位置的叠加态，每一个位置都有它存在的概率；你用荧光屏一观测它，它就摇身一变，缩成了一个亮点，以一个百分百确定的位置出现，而其他位置就绝对不存在了。简而言之，观测决定结果，没有观测前，电子是态叠加，是概率分布，是概率波；观测之后，电子就坍缩成一个点、一个真正的粒子，于是就有了确切的位置，这就是哥本哈根学派解释的精神。

对哲学敏感的人，可能会惊呼：观测决定结果，这是典型的唯心主义啊。其实我们现在在谈深层次的问题，如果还停留在浅层次的唯心、唯物，那你内心必然纠结。大哲学家康德就特别明智，面对科学尤其是物理学的不断发展，他深深地明白哲学家已经没有资格再去研究形而上学层面的问题了，他呼吁哲学家们去研究认识论，而把宇宙本原、宇宙本质这种高大上的问题，让物理学家去研读。

此刻，估计有人会非常着急地问我："那哥本哈根学派的这个解释到底对不对呢？"我对这个问题也非常无语。这种问题就好比小时候问电影里的人物是好人还是坏人。长大以后才知道，这世界上没有绝对的好人，也没有绝对的坏人，每一个人都是各种好坏的叠加，你凭空认为他是好人，那才是唯心主义。若要真实地了解一个人的好坏，就要观测他。比如你在他面前放上一万块钱，我想，对于社会上一般的所谓的好人，他平时处于拾金不昧、拾金昧了和压根不拾这三种态度的叠加，你根本不能确定地判断他会以哪种状态表现出来；如果你特别了解他，也只能大略估算出他在这三种状态的概率，比如有50%的概率拾金不昧、30%昧了和20%不拾。但当我们一旦做了观测，也就是故意将一万块钱放在他必经的路上，他必然会选择其中一种状态展现给我们，也就是他会坍缩为一个状态，具体哪个状态，我们事先无法预估，因为这是随机的、概率的。

听了这个比方，不少人对哥本哈根学派的思想有了一些了解，但有人马上会意识到，这个观测本身就在影响被观测的对象。是啊，本来一个人平时品质特别良好、思想特别纯正，但当看到一万块的现金静静地躺在路边，环顾四周又没有人，他的心态就突然变了，往我们预想不到的方向坍缩了。这一点，我们都很清楚，要不为什么特别反对钓鱼执法呢？因为观测会改变被观测对象的状态。

举一个大家喜闻乐见的例子，比如你认识一位男子，平时的确不好色，清心寡欲，将偶然冒出来的力比多〔注：力比多（libido），即性力，不是指生殖意义上的性，泛指一切身体器官的快感〕也投入到体育运动和奉献社会上了。于是你觉得他不好色，这时玻尔说："你敢不敢和我赌一把，如果他真不好色，我输掉一万块钱，但他若好色，你给我一万。"你反问："如何判定他是否好色呢？"玻尔说："当然要用科学的方法，用实验观测来确定。"怎么实验，你心里当然懂，就是在他面前摆出一个美女诱惑他，看看他啥反应。此时此刻，你觉得你的胜率有多少呢？或许，你会说："这个实验很扯淡，人家本来是处于不好色的单一状态，结果让美女一诱惑，将其心理状态改变了，从而令之状态发生改变，展现出好色的行为，但这并不意味着他本来是好色的。"玻尔对你的反驳不屑，什么叫"本来"，如果没有观测，你怎么知道有一个"本来"？本来只在你心中有，好唯心啊。

听了我刚才举的例子，大家还敢不敢随便给哥本哈根学派贴唯心主义的标签了？你在不观测的情况下，说"本来"，这可是最大的唯心主义，至少是反科学。不观测就认定某种东西存在，这与实证的科学是背道而驰的。

我们从刚才的例子中，还明白一个道理：观测一个对象的同时，也会影响这个对象。这就会导致"测不准原理"。测不准原理是量子力学的大话题，这里就此打住。

回到最初的问题，哥本哈根学派提出的态叠加原理到底对不对？我只能这样说：这是截至目前最符合实验结果的解释。

总而言之，以玻尔、海森堡等为代表的哥本哈根学派是这样解释电子衍射实验的：电子穿过狭缝后，自身处于各种状态叠加的状态，处于空间各种可能位置，可以用波函数来刻画；一旦被人观测，也就是用荧光屏一观测，这个态叠加的波函数就一下子坍缩到荧光屏的某一个点上。至于坍缩到哪一个位置，这是不确定的，是随机的，但我们可以通过薛定谔方程所决定的波函数，来计算出荧光屏上各个落点的概率。

这种解释的优势在于，根据波函数算出的落点概率确实与实验结果非常吻合，精确地与大量电子在荧光屏上形成的明暗条纹相对应。

第三节　决定论与随机论的较量

面对哥本哈根学派咄咄逼人的气势，随机论一时间甚嚣尘上，压得决定论透不过气来。薛定谔实在无法忍受，为了打击随机论的猖狂，他绞尽脑汁，搞出了一个"薛定谔之猫"，准备用这个猫将玻尔、玻恩送入尴尬的境况。

一、薛定谔之猫

话说薛定谔找到了一只猫，名曰"薛定谔之猫"，他要用这只猫找回他在玻尔面前丢掉的面子，要用这只猫把玻尔打得满地找牙。对科学有兴趣的朋友，谁不知道大名鼎鼎的薛定谔之猫，但真正明白这个思想实验的人不多，原因首先是没有搞明白薛定谔之猫要达到一个什么效果，想要打击随机论的哪个部位。

前面说到，哥本哈根学派对电子衍射实验的概率性解释获得了实验的支持，这意味着宇宙其实是随机论而不是决定论的。这令薛定谔非常不安，因为他是一个决定论的信仰者。玻尔、玻恩这帮人，竟然用他建立的薛定谔方程、他搞出的波函数胡乱解释一番，将自然规律引向随机论，还获得了实验支持，是可忍孰不可忍。

但薛定谔也明白，他和哥本哈根争论的是科学问题，不是信仰问题，所以必须以逻辑或实验为路径，才能修理玻尔那帮人。于是他绞尽脑汁，搞了一个思维实验，试图一举击垮哥本哈根，直接把他打成"哈根达斯"。就这样，薛定谔之猫诞生了。

虽然很多朋友都听过这个实验，但我在这里还是要仔细介绍一下，以便大家能够真正参透它，明白薛定谔之猫为何能打击随机论。

让我们一起展开想象。将一只猫密封在一个盒子里，当然盒子里有充足的空气和食物，但还有一个毒药瓶，氰化钾密封在毒药瓶里。毒药瓶上有一个铁锤，铁锤由一个电子开关控制，而电子开关又由一个放射性原子控制。如果原子核发生衰变，则放出 α 粒子，触动电子开关，铁锤落下，砸碎毒药瓶，释放出其中的氰化钾气体，则猫必死无疑。

那铁锤何时会落下呢？这谁也不知道，因为没有人知道原子核何时衰变。所以只有打开盒子看一眼，才能确定这只猫是生是死。

3-4 薛定谔的猫

或许有人会追问，我们为何不计算出这个原子核何时衰变呢？这样不打开盒子，也就能知道猫的生死了啊。这一点我们在中学学过，没有人知道原子核何时衰变；两个完全一样的原子核，一个衰变了，另一个可能没衰变。我们只知道这个原子核的半衰期，也就是大量这种原子核衰变一半所用的时间，而无法知道某个具体原子核何时衰变。这样我们只能计算出，在某个时刻，箱子里的这个原子核已经发生衰变的概率。

那么，我们为什么不能算出某个原子核何时衰变？你若是决定论者，应当这样理解，我们目前还没有完全掌握原子核衰变的内在机制，只好退一步用概率研究其衰变的规律；一旦我们掌握了原子核衰变的内在机制，就可以准确预测某个原子核在何时衰变。你若是随机论者，看法就完全不一样了，你会认为，一个原子核是否衰变完全是一个随机过程，永远只能用概率来研究它，因为它本身就是随机的。

那么哥本哈根学派会如何解释原子核衰变呢？那就不只是随机的问题了，还会说得活灵活现、有鼻子有眼。他们会这样解读：在你没有观测这个原子核之前，也就是你没有打开盒子之前，这个原子核处于各种可能状态的叠加，也就是处于衰变和不衰变的叠加态。只要你一观察，也就是你一打开盒子，这个叠加态就会突然发生坍缩，要么坍缩为衰变，要么坍缩为不衰变。

说到这里，估计有人着急了，那又咋了，不就是你刚才讲的态叠加原理吗。大家不要忘了箱子里还有一只猫，一只薛定谔精心放置的可怜的猫，这一招很阴险。为啥这样说？大家想想，按照哥本哈根的说法，盒子在没打开前，控制电子开关的原子核处于衰变和不衰变的叠加态，那箱子里的猫岂不是也处于死与活的叠加态吗？而一旦打开盒子观察，随着原子核坍缩为衰变或不衰变，处于叠加态的猫也就坍缩为死或生。

那又咋了？估计还有人不解，这下子薛定谔就着急了。按照哥本哈根的解释，盒子在未打开观测前，猫竟然处于死与活的叠加态。然而基本常识告诉我们，猫要么是活的，要么是死的，怎么能处于既死又活的状态呢？这不是违反了最基本的常识了吗？为何会出现如此荒谬的结论呢？只能说哥本哈根学派的解读是错误的，态叠加原理，纯粹胡扯。

是的，薛定谔猫的确打了玻尔、玻恩的脸，但科学从来就没有平坦的大道，只有不怕打脸、不怕猫抓的人，才能到达光辉的顶点。玻尔、玻恩虽然被薛定谔猫抓破了脸，但他们坚持用概率来求解薛定谔方程，所求得的各种结果都获得了实验的完美证实。于是，大多数物理学家都倒向了哥本哈根学派，也就是倒向了随机论。

难道只有薛定谔一个人在孤军奋战，还在坚守决定论的阵地？不是的，有一位科学大腕始终坚定地与薛定谔站在一起，不断地向哥本哈根学派的阵地发起一次又一次的冲击，试图打破日益猖獗的随机论。

二、爱因斯坦坚信：量子力学不完备

薛定谔从来就不是孤单的。虽然量子力学不断获得实验的证实，但信仰的力量有时更为强大，几百年来科学家所信奉的因果律、所坚守的决定论，岂是哥本哈根的一派"胡言"所能动摇的？有一位科学大腕始终和薛定谔站在一起，至死不渝，还不断向玻尔投掷手榴弹，恨不得将随机论的大本营——哥本哈根直接炸坍缩。这位大腕就是阿尔伯特·爱因斯坦。

3-5 玻尔和爱因斯坦正在讨论问题（1925年）

爱因斯坦是决定论坚定的信仰者，认为未来的一切都是确定的，一个完备的物理理论应该像牛顿力学、相对论那样，给出精确、唯一的预测，而不是像量子力学那样，只能给出事件发生的概率。他尤其不能接受的是：世界本来就是随机的，一切都是概率，上帝是掷骰子的。

爱因斯坦认为是现有的量子力学无法发现微观粒子的因果关系，才退而求其次来计算概率。

但爱因斯坦也注意到，量子力学所求得的概率与实验结果匹配得非常好，于是老爱这样断言了：量子力学虽然没错，但它是不完备的。啥意思？就是说还有一个隐含参数在决定粒子的行为，只不过人们没有发现这个参数；一旦这个参数被发现，粒子的行为就可以完全确定。具体来说，完全相同的电子通过狭缝后为何会落在荧光屏的不同位置，是因为这些貌似完全相同的电子其实有区别，只不过这个有区别的参数还没有被发现，就是这个未被发现的参数决定了它们应该落在荧光屏的哪一个位置。

于是，爱因斯坦与玻尔进行了三次世纪大辩论。爱因斯坦说："上帝绝不掷骰子。"玻尔回应："汝非上帝，安知上帝不掷骰子乎？"爱因斯坦一时无言以对，因为他没有看过庄子与惠施的故事，要不然他可以这样反驳：汝非我，安知我不知上帝不掷骰子乎？

爱因斯坦与玻尔几次过招都落于下风，更关键的是，爱因斯坦也一直没有构建出他理想中的含有隐含参数的量子力学，所以他对决定论只能先停留在信仰层面，无法在科学层面上与玻尔较量。

爱因斯坦的两个助手一看爱因斯坦招架不住，决定来个三英战吕布，三人合伙搞了一个悖论，名曰EPR悖论，试图用归谬法来打击哥本哈根学派。EPR正是三人的首字母缩写，分别是爱因斯坦、波多尔斯基和罗森。

这EPR悖论的具体内容，这里不细说。但我们可以围绕决定论还是随机论这个主话题，比较形象地表达一下。

爱因斯坦三人在这里玩了一个归谬法，如果量子力学真如玻尔所云：不但正确而且完备，那么以之为基础，就会推出一个极其荒谬的结论——量子纠缠。

量子纠缠极其荒诞，意思是说：一旦AB两个粒子发生过纠缠……这样说太难听，换个说法：只要A粒子与B粒子曾经牵过手，那么以后无论二者相隔多远，哪怕分别在宇宙的两端，如果你把A粒子拍打一下，B粒子马上会有反应，中间不需要任何时间。

3-6 1935年5月4日,《纽约时代杂志》头条:"爱因斯坦及两位同事对量子力学理论发起挑战,认为量子力学是不完备的,缺失的部分最终会得到解释。"

各位读者,这个量子纠缠荒诞不?若果真如此,岂不是见鬼了?爱因斯坦基于量子力学得到如此荒谬的结论,别提有多高兴了,于是写信告知铁杆盟友薛定谔。薛定谔此时正在养猫,看到爱因斯坦的来信,兴奋地大喊:"爱因斯坦抓住了量子力学的燕尾,我薛某人再用猫抓一下玻尔的脸皮,决定论将东山再起。"

此刻的爱因斯坦更是意气风发,想着量子纠缠一定能压倒玻尔。于是他拿着量子纠缠的结果,指着玻尔的鼻子说:"看一看,瞧一瞧,量子力学就能推出如此见鬼的结论,你还相信这个理论是完备性的、上帝是在掷骰子吗?"一时间玻尔无言以对,想了一两天后,玻尔回应道:"既然量子力学推算出来是这样,那事情就应该是这样,谁让它两个曾经牵过手?一旦牵过,那就会永远纠缠下去。"

爱因斯坦彻底崩溃了,质问玻尔:"你做人还有底线吗?"

三、随机论的胜利:量子纠缠的证实

但更令爱因斯坦崩溃的还不是玻尔的底线,而是在爱因斯坦去世二十五年后,量子纠缠竟然获得了实验的证实。

人世间最大的讽刺莫过于此,爱因斯坦为打击量子力学的完备性推出量子纠缠,本想着用来否定量子力学的随机论,但没成想,量子纠缠竟然是事实,是客观存在。爱因斯坦竟然是第一个从理论上推导出量子纠缠的人!九泉之下的爱因斯坦，当他知道又一个物理学重大发现又要记在他的名下时，估计九泉都被他哭成黄泉了。所以说，在科学的路途上从来没有平坦的大道，只有不怕打脸、敢于泪洒黄泉的人，才能到达光辉的顶点。

　　量子纠缠就意味着粒子之间有着幽灵超距作用。所谓超距作用，就是两个物体虽然相隔一定距离，但存在着直接、即时的相互作用；也就是说，它俩之间的相互作用不需要任何媒介，也不需要传递时间。这个观念早就有，但后来被爱因斯坦否定了，因为相对论认为光速是极限速度，超距作用不需要时间，不就等于说超距作用要比光速还要快无穷倍吗？

　　这里必须要将量子纠缠的实验证实过程介绍一下。

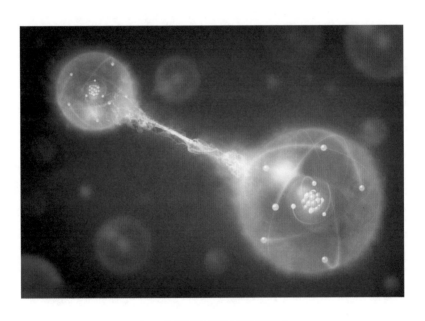

3-7 量子纠缠居然被实验证实了

　　20世纪60年代，爱尔兰物理学家约翰·贝尔提出了一种检验方法，可以区分出粒子到底是符合爱因斯坦的隐变量理论，还是量子力学的"鬼理论"，即幽灵超距作用。结果在1981年，法国科学家第一次做了贝尔实验，实验结果支持幽灵超距作用。这对西方的哲学界、科学界和宗教界都产生了巨大震动，实验结果的确太违反我们的常识、我们的直觉，但它真的被实验所证实了。

但实验总会有误差，所以还是有很多人不信这个"幽灵"。实验物理学家不断完善贝尔实验，出来的结果都是支持"鬼"的。尽管如此，还是有很多物理学家宁可相信爱因斯坦的"隐"，也不愿意接受量子力学的"鬼"，这幽灵超距实在无法理解。两个粒子一旦相遇过，无论以后相距多远，把这个"打"一下，另一个马上就知道，无需任何时间，就算是"鬼"，也不能如此过分啊。但科学不是宗教，不能仅仅以信仰做支撑，它需要实证。面对这么多实验在支持幽灵超距作用，反对"鬼"的物理学家依然持有这种期盼：是这些实验有探测漏洞，导致实验结果不对。事实证明这些实验确实有探测漏洞，所以双方依然相持不下。

时间到了 2015 年 8 月 24 日，荷兰代尔夫特理工大学的物理学家罗纳德·汉森在网上公布其最新实验，彻底粉碎了爱因斯坦的隐变量理论，判决性地支持了幽灵超距作用：两个粒子只要曾经纠缠过，即便以后相隔亿万里，它俩还会以某种未知的方式纠缠在一起，其中一个心痛，另一个马上感知，这大概就是宇宙中的爱——"大爱无疆"。

关于量子纠缠，这是一个极大的话题，它对人类三观的冲击甚至超过了量子力学的随机论，以后有机会再做展开。

四、结束语

最后，笔者也要表个态，虽然目前的实验都是有利于哥本哈根学派的，但我依然倾向于决定论，因为我相信因果律。我依然相信，微观粒子貌似随机的行为，其实是因为我们没有发现其内在的某些参数，一旦把握这些参数，我们依然可以缔造决定论的微观理论。这些参数为何难以把握，或许它们隐匿过深，或许因为它们存在于四维时空之外。

总之，决定论与随机论之争还远远没有结束，只有让未来科学的发展给予我们更加确切的回答。

第四章

黑洞与
平行宇宙

Chapter
four

第一节　饕餮猛兽

一、引言

这一章我们聊一个大话题：黑洞和平行宇宙。这两个听起来很玄乎的物理概念，却每天充斥在我们的生活中。不断地有新闻报道说，某国发现了一个巨型黑洞，某航空航天局又发现了两个黑洞，学者们一会说黑洞将时空无限弯曲，会吞掉整个星系，一会儿说黑洞是时间的终结者，一会儿又说黑洞内部蕴含了宇宙的过去和未来，甚至说黑洞主宰着整个宇宙的演化，最后还极具科幻地说：黑洞是进入平行宇宙的入口。

黑洞物理学家说的这些危言耸听的话，往往不加解释，愈加激发了大众的好奇心；偶然解释一下，又说得太专业，让人听了如坠雾里云中。很多人内心都发出这样的困惑：黑洞有那么神奇吗？平行宇宙到底存在吗？就这些问题，我准备由浅入深地展开，希望大家读得轻松又好玩，同时又能读出真材实料，虽然这是不可能的。知其不可为而为之，方显我科普本色。

那我们要先看看黑洞是什么。顾名思义，黑洞，Black Hole，黑黑的洞，光都出不来。"黑洞"这个名字，总是令人浮想联翩。但究竟什么是"黑洞"呢？

"黑"，表明它不会向外界发射任何光线，所以人和仪器都无法看见它，真的很"黑"；"洞"，说明任何东西只要一进入它的边界，就别想再出来，就是一个"无底洞"。

人若掉入黑洞会如何？会被扯成兰州拉面，然后变成麻花，最终成为粉末，落入到黑洞的核心。

二、"黑洞"的基本概念

黑洞这么大的引力是从哪里来的？一般人会说，按照万有引力定律，质量越大吸引力就越大，那么质量大到一定程度，天体就成了黑洞。这种说法不太对，光质量大不行，还要体积特别小，这样才能成为黑洞。星云质量多大啊，但它体积更大，所以一点都不黑。

简而言之，如果天体的质量很大，同时半径又特别小，也就是说天体的质量密度大到一定程度，就会变成黑洞。黑洞就是一个质量密度极大的天体。地球为啥不是黑洞，因为体积太大了；以地球目前的质量，如果地球能缩成一粒葡萄，那地球就成了一个黑洞——黑葡萄。

地球为何不内缩呢？当然，幸好没有内缩，否则我们人类的生存空间就太拥挤了。按理说，地球是应该内缩的，因为万有引力，地球中的物质互相吸引，越吸不就越紧密，越紧密不就越缩小吗？读到这里，有人可能会说，地球硬得很，怎么能内缩？没错，问题是啥叫"硬得很"？这不是科学的语言。让你感觉硬的力是电磁力，它在抵抗万有引力内缩的趋势。原子是由带正电的原子核和带负电的电子组成的，所以两个原子之间会形成强大的排斥力，不可能挨得很近。这就阻止了地球进一步内缩的努力。

那太阳总可以内缩吧，它是气态的，一点儿也不硬，原子和原子之间距离远着呢，电磁力发挥不了多少作用。但实际上太阳也不内缩，因为其内部的核反应产生了巨大的外向力，抗拒了企图内缩的引力。

三、黑洞的诞生：恒星演化

那黑洞是如何诞生的呢？这就不得不说到恒星的演化。恒星从哪里来，又往哪里去？

恒星诞生于巨大的星云。大家知道，星云中的物质非常稀薄，但在万有引力的作用下，一直聚到一定程度，就成了原恒星。原恒星，就当是婴儿期的恒星。这个婴儿期的恒星还是不够瓷实，所以继续向中心收缩。越收缩，原恒星中的温度就越高，高到一千万度，核聚变就发生了。核聚变辐射出的巨大能量使得恒星内部的压力足以抗衡万有引力的内缩趋势，于是婴儿期的恒星就算是稳定了，长大了。这时候，我们就把它称为主序星，它就是恒星的青壮年。

我们的太阳就处于主序星阶段，它每天发光发热，普照大地，哪里来的这么多能量？它每天都在进行核聚变，将两个H聚变成一个氦，这就是氢弹的原理。所以，我们一般人是没有亲眼见过原子弹爆炸，但要说没见过氢弹爆炸则不可能。烈日当空，举头望之，便是氢弹爆炸。氢弹为何那么厉害？这两个H聚变成一个氦的过程中，一部分质量消失了，变成啥了？变成了能量。多大的能量？大家都知道公式$E=MC^2$，C是啥？光速，30万千米/秒。也就是一个单位的质量能变成三十万平方倍的能量，氢弹焉能不毁灭一切？

好，话说回来，继续说恒星演化。太阳在恒星中算是个菜鸟，我这会儿没工夫说它，下面说的都是大个头恒星。

这恒星天天核聚变，两个H聚变成一个氦，有朝一日没有H了，都成氦了，那核聚变反应就停止了。那就没有力量抵抗内缩的引力，于是恒星的外壳开始坍缩。但在坍缩中，恒星内部的温度会进一步升高，当达到一亿摄氏度时，氦又可以进行核聚变了，三个氦原子可以聚变成一个碳原子。以此类推，这些聚变反应会生成越来越重的元素；当聚变到铁时，就出问题了。

铁这个东西很怪，别的元素聚合是要释放能量的，可铁进行核聚变反而要吸收能量；铁，你很"铁"啊，铁公鸡，一毛不拔，还真是这个道理。

这样就意味着恒星要灭亡了，因为不再能产生能量来抗拒万有引力，恒星会突然坍缩，外部气体会在万有引力作用下，以接近光速砸向内核，从而产生巨大爆炸，这就是超新星爆发。

超新星大爆发，就像是恒星死亡前的回光返照，短暂的红光满面、光辉宇宙后，最终还要归于沉寂。那恒星的归宿是什么呢？

当恒星进入超新星爆炸的时候，其外壳就向外爆发了，而其内部在引力的作用下，开始急剧内缩。用心的读者肯定会说，缩到一定程度，原子之间距离很近了，那电磁力就应该起作用了啊？本来应该是这样，但我们这里说的是大个头恒星，质量特别大，所以内缩力特别厉害，厉害到能把电子压进原子核，直接和质子结合，干脆就变成中子了。等于恒星到最后就没有电子和质子，都变成中子了，哪里还有电磁力？内缩到这种程度的星体就是中子星。

中子星的密度非常高，地球要达到这样的密度，必须要缩小到直径22米。因此中子星的引力是很惊人的，但依然达不到黑洞的级别，光还是能够出来的。刚才说地球要缩到葡萄那么大才能成黑洞，哪有22米直径的葡萄，难道是转基因的？

有人已经反应过来了，如果中子星继续内缩就可以成为黑洞。不错，但前提是，这个恒星的质量要特别特别大，大到其引力所造成的内缩力能将中子都压碎，最后将这个恒星半径缩小到史瓦西半径，就成为一个黑洞。从此，光都出不来了。

史瓦西半径？啥东西？别急，待会儿再说。简而言之，黑洞是由质量足够大的恒星在核聚变反应燃料耗尽死亡后，发生引力坍缩而产生的。

四、黑洞存在的证据及无毛定理

讲到这里，估计有人会有这样的质问：既然黑洞连光都出不来，那就意味着我们永远都看不到它；既然看不到，科学家怎么会认为有黑洞呢？

我们先用科学的语言解释一下什么叫"看到"。比如你在黑暗中我看不到你，但是我用手电筒照射到你身上我就看到了，科学的语言就是，光子打到你身上，反射回来进入我的眼睛，被我的视网膜感知，这就是我看见你了。但如果你的质量密度超大，光打到你身上被你给吸住了，再也出不来了，那我就永远看不到你，你就是一个黑洞人。所谓科学仪器就是人的各种感官的延伸，黑洞里光都出不来，仪器当然观察不到。

　　既然如此，为什么这么多科学家认定有黑洞的存在呢？那是因为发现了很多间接证据。

　　比如，我们在进行天文观测的时候，会发现有好多个巨大的恒星绕着一个中心在转，那这个中心肯定有一个质量超大的星体，否则怎么能吸引这么多恒星围着它转呢？但是，当我们把射电望远镜对准这个中心观测时，啥都没有，黑洞洞的，咋回事？难道这些恒星绕着"鬼"在转吗？合理的解释就是这里有一个黑洞。这真是：你见或者不见，洞就黑在那里，不声不响。

　　其实我们整个银河系的恒星都在围绕着一个中心旋转。你看，月球绕着地球转，地球带着月球一起绕着太阳转，那太阳呢？太阳带着整个太阳系绕着银河系的中心转。凭啥？科学家估计，银河系的中心应该有一个超大质量的黑洞。

4-1 银河系的中心处也许是一个黑洞

　　有人可能会问，黑洞是恒星坍缩而成的，它质量再大也不可能超过原来形成它的恒星啊。是的，没错，但黑洞一旦形成，就是一个饕餮巨兽，见啥吃啥，凡是进入它范围内的星体，一律吃掉，连骨头都不吐出半根。黑洞碰见黑洞，也互相吃，黑吃黑，这样黑洞质量就会越来越大。这与曾经的上海滩黑帮老大黄金荣、杜月笙的发展模式很类似。

黑洞其实比黑社会黑多了。这个巨兽会将附近一切都吞噬，别说骨头不吐半根，连毛都不吐。霍金，这位轮椅上的伟人，严格证明了"黑洞无毛定理"。啥意思？这些科学家有时说话也爱比喻，还比喻得很"毛"。其真实意思就是，黑洞把吃掉的星体的一切信息都消灭掉了，连毛信息都不剩。其实黑洞还是保留下了质量、角动量、电荷三个变量，所以黑洞无毛定理，严格来说应该叫黑洞三毛定理，毕竟还残留了三个物理量嘛。

大家注意：星体被黑洞吃掉，并不是一头栽进去了，因为路过黑洞的星体也有很大的速度，结果被黑洞强大的引力往里拉。如果星体与黑洞足够远，这个星体的轨道只不过会弯曲，最终还是与黑洞"拜拜"了；如果有点儿近，那这个星体就会绕着黑洞转；如果足够近，这个星体就会螺旋式地栽入黑洞，被黑洞吃掉了。

五、黑洞概念的出现

既然黑洞都观测不到，这个概念最初是怎么冒出来的？难道是科学家异想天开、装神弄鬼，编出一个黑家伙来吓唬自己、忽悠大众吗？

当然不是，黑洞是从数学物理方程中推导出来的。

早在1798年，拉普拉斯就推导出了黑洞。大家都知道，宇宙飞船想要逃脱地球引力的控制，必须要达到一个速度，这个速度就叫逃逸速度。逃逸速度的公式用中学物理知识就可以推导出来，具体就是$v=\sqrt{\frac{2GM}{R}}$，其中 G、M、R 分别是万有引力常量、地球的质量和半径。这个公式说明了：质量越大、半径越小，需要的逃离速度越大。请你们想想，如果这个星体的质量不断增大，或者半径不断缩小，物体逃离这个星体所需要的速度就会越来越大，一旦大到超光速，不就连光也逃不出了吗？那就变成了黑洞。不过，拉普拉斯把这个怪物叫"暗星"。因为当时还不知道光是宇宙中的极限速度，以为光出不来或许还有别的超光速物质可以出来，所以只能叫暗星，还没有产生黑黑的无底洞的概念。

等爱因斯坦的狭义相对论创立后，明确指出光速是所有物质的极限速度，在这种情况下，有一个剑桥大学的印度留学生，叫钱德拉塞卡，他经过计算预言：质量过大的恒星经过不断坍缩后会变成黑洞。结果遭到他导师爱丁顿的反对，训斥他："一颗恒星咋可能坍缩成一个点呢？"爱因斯坦知道了后，也连连摇头，专门写了一篇论文驳斥钱德拉塞卡。喝着恒河水长大的钱德拉塞卡直接无奈了，只好放弃了进一步研究，干别的事了。

紧接着，美国物理学家奥本海默也得出了类似结论，认为大质量恒星会不断内缩，他与爱因斯坦发生了学术冲突。但后来二战爆发，奥本海默去主持曼哈顿工程，将黑洞问题抛在一边。于是奥本海默成了原子弹之父。

但还有一个人正是利用爱因斯坦的广义相对论，计算推导出黑洞，而且说得有鼻子有眼，这让爱因斯坦很难受。这个人就叫史瓦西，他利用广义相对论中的引力场方程，推算出一个球形的静止黑洞，现在叫"史瓦西黑洞"，史瓦西凭这个黑洞名垂青史。

具体来说，史瓦西算出：当恒星尺度小于某个半径时，其内的所有光线就再也出不来了。人家还给出了这个半径的计算公式 $R=\frac{2MG}{C^2}$，通过这个公式，我们都可以算出来，地球的史瓦西半径是九毫米，也就是我们刚才说的，如果地球小到葡萄那么大就是一个黑洞。太阳的史瓦西半径是三千米，反正质量越大的星体，史瓦西半径就越大。所以有的黑洞是很大的，因为人家质量超大。

那史瓦西半径之内就是黑洞了，黑洞还真是个洞洞，里面基本是空空的，它的所有质量都集中在球心上，几乎没有大小，我们把它叫"奇点"，奇就奇在所有物理定律在这里都崩溃了。

这里还要介绍一个重要概念——事件视界，简称视界。刚才说了，在黑洞范围内光都出不来，黑洞范围就是史瓦西半径范围之内。因此，以奇点为中心，以史瓦西半径为半径就形成一个球面，这个球面就叫视界。球面之内光都出不去，所以说这个球面就是我们视力、视察的边界。边界之外，你有可能去考察研究，边界之内你啥都看不见，里面发生了什么事件你也看不到，所以叫事件视界。

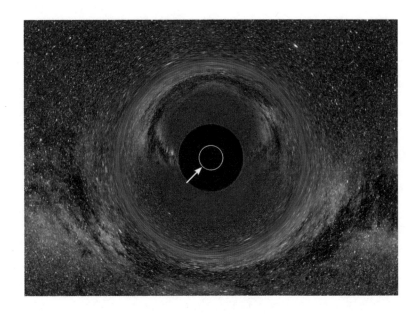

4-2 黑洞与视界

　　截至目前，我只是给大家介绍了一下黑洞的概况，内容有点小儿科。若想深入了解黑洞，知道黑洞内部的秘密，就需要了解一点相对论，知道什么叫弯曲时空。

第二节　时空耦合

一、四维时空

刚才我把黑洞的概貌向各位介绍了一下，目的是热热脑子，现在我们讲点真家伙。要了解黑洞，必须要了解弯曲时空。

如果抛开时空弯曲的概念去讲黑洞，就如同抛开社会谈人生，那是毫无意义的。这个人的路为什么走弯了，可能这个社会本来就是弯曲的，这不难理解。那大家能否理解，抛出去的石块为何划出了一个抛物线，而不是直线呢？那是因为这个时空本来就是弯曲的，这不太好理解，就不得不提到相对论了。

相对论是个庞大的体系，又分狭义和广义，这里当然不能展开，主要是把弯曲时空的概念引出来，以便让我们更好地理解黑洞。因为黑洞真正的定义是"时空曲率大到光都无法从其视界逃脱的天体"。

地球上的人谁不知道爱因斯坦，谁没听过相对论？可以这样说，如果你没有明确表达不崇拜他，那肯定是崇拜的。不过爱因斯坦到底怎么厉害了？能说出个子丑寅卯的人也不多，相对论太抽象了。

好了，我们先来介绍四维时空。四维时空，就是三维空间加上一维的时间。这是相对论中引入的概念，非常好理解，因为我们就活在四维时空当中。

我又要用前一章——聊《三体》时用的例子：比如你在坐飞机，有人问你在哪里，答曰在飞机上；追问飞机在哪里？你若要精确回答这个问题，必须要给出三维空间的坐标：XYZ的值，分别表示前后、左右和上下。但飞机在不同时刻有着不同的XYZ，所以飞机具体在哪里，不光要有XYZ的值，还要有具体的对应时间T，也就是还要加上一维时间轴的值，才能把飞机精确定位，即需要XYZT四个数值。这就是四维时空。

说到这里，有人就不解了，四维时空这么简单，还需要爱因斯坦在相对论里才提出来？难道牛顿不了解吗？在牛顿看来，空间和时间是互相独立的，互相之间不影响。这也符合我们的生活常识，你在北京，与你换一个空间，比如纽约，时间流逝是一样的啊。所以在牛顿理论中没有必要把空间和时间连接为一个整体来说。但是，在相对论里，空间和时间之间会互相影响、互相耦合，在黑洞里甚至会互相对调。所以必须要把时间和空间放在一起说，名曰"时空"。

二、相对论简介

时间和空间会互相影响，这让人难以理解。这里我要好好解释一下，略微展开地聊聊相对论。为了说话简单一点，我就不区分狭义和广义了。

相对论里引出了很多奇奇怪怪的东西，这一切都源自相对论的出发点：光速不变原理。它的意思是说，无论在何种参照系下观测光的速度，它的数值都是一样的，每秒约30万千米。

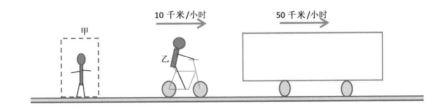

4-3 甲感受到乙和公共汽车的时速分别为10千米和50千米

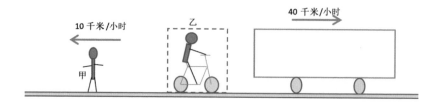

4-4 乙感受到甲和公共汽车的时速分别为10千米和40千米，这就是运动相对性

　　这是不可想象的。举个例子，假设有一辆公共汽车在马路上匀速前进，时速50千米；甲站在大街上观测这个汽车，测得其时速是50千米，当然这是废话；乙骑着自行车与汽车同方向前进，自行车的时速是10千米。现在的问题是：乙觉得公共汽车的速度是多少？这个问题不难吧。50减去10嘛，也就是说乙感到汽车的速度是40千米/小时。

　　我们平时说汽车时速50千米，是指它相对于路面的速度，那汽车相对司机的速度是多少？当然是零了。现在的问题是，汽车相对于骑自行车的人的速度。如果你骑着自行车与汽车同方向前进，你所感受到的汽车速度就变慢了。如果你骑自行车的速度能与汽车一样快，你就会觉得汽车没动，相对于你是静止的。如果你骑着自行车与汽车反方向运动，什么感觉？你会觉得汽车时速变快了。这都是生活常识，大家都明白。

　　以后起大风，也没有避风的地方，怎么办？给大家说个诀窍，你就顺着风吹的方向跑，就会感觉风变小了；如果跑得与风速一样快，你就会觉得根本就没风。如果你跑得比风还快呢？你就会觉得迎面来了一股风。啰嗦了半天就是想说明：公共汽车的速度是一个相对概念，它相对于路面的速度，与相对于运动中的自行车速度是不一样的。也就是说，参照系不同，所感受到的物体运动速度就不同。

　　但是，大家注意，如果我们把刚才的公共汽车换成光的话，诡异的事情就出现了。大家都知道光速是c，也就是每秒30万千米。路人甲测得光速是30万千米/秒，那骑自行的某乙如果与光同行的话，他应该觉得光速变慢了。但实际上，某乙感受的光速还是30万千米/秒。这是不可想象的啊，你们难道就没有一点儿震撼吗？有人说，是不是自行车速度太慢，所以感觉不出变化？我可以很放心地告诉你，某乙就是把自行车骑到每秒10万千米，他观测到的光速还是30万千米/秒。也就是说，不管选择什么参照系，光的速度都是30万千米/秒。

4-5 换成光，情况就不一样了

整个相对论就是基于这个光速不变原理的。就是说：在任何参照系下观测，光速都是每秒30万千米。这是无法理解的，所以相对论刚出来的时候，大家都骂爱因斯坦是疯子，因为这光速不变实在太颠倒人伦了。后来大家为啥不骂了，开始疯狂膜拜了？

这就是验证的力量：是骡子是马拉出来遛遛。按照相对论，运动中的物体其上的时间流逝就会变慢，而且慢多少都能算出来，不信？做实验啊。找两块表，必须是好表，先对好时间，然后一块放家里，一块放飞机里绕地球转一圈，回来后和另一块一对，发现果然变慢了，而且慢的程度与相对论的计算结果一样。服不服？当然大家就不用测试了，那表不是劳力士，是铯原子钟，一般人家没有。

水星在近日点有进动，牛顿理论咋都解释不了，结果相对论一上手，直接搞定，而且把进动的程度都算出来了，和实际观测完全一致，靠的就是引入弯曲时空的概念。自然科学与社会科学不一样，社会科学有时需要斗嘴皮子。比如我认为日军全面侵华是日本战败的根本原因，有人不同意就会和我辩论，但这不会有结果。如果这是个物理学问题，咋解决？就是搞一个对照组，看日军如果不全面侵华会如何演变。于是将时间退回"七七事变"以前，然后研究者把引发"七七事变"的那个日本联队长直接杀了，再阻止以后发生类似事件，看看日本会不会失败。确切地说，看看美国还会不会威胁日本禁运石油，日本还会不会偷袭珍珠港。但这个实验没法做，所以社会科学必须要斗嘴皮子。

不过，如果考虑了量子效应，即便这实验做了也会有问题。因为量子效应可能会产生多重宇宙，在一个平行宇宙中日本的确不偷袭珍珠港了，但在另一个平行宇宙日本还是会偷袭珍珠港。一说到平行宇宙一切都乱了，先打住，继续说相对论。

三、时空耦合

说了这么多，就是爱因斯坦基于光速不变这个难以想象的假设，构建起来的相对论大厦，解释了大量牛顿理论无法解释的现象，令人心悦诚服，于是我们反过来承认了光速不变原理，虽然我们无法理解这一点。

但承认光速不变这个离奇的假设，就等于从人间走向了魔道，一切光怪陆离的事情纷纷向我们扑来，因为光速不变导致时间与空间之间发生耦合，相互作用了。时间会影响空间，空间会影响时间。怎么理解？这其实是一个数学过程。我尝试着用通俗的语言给大家说说。

大家想想，站在路边的人看光的速度是c，坐在运动中的车上的人观测光还是c，到底咋回事？难道同一束光，展示给静止人是一个速度，展示给运动中的车上的人又是另外一个速度吗？这咋可能呢？但可以这样解释，地面上人的时间系统与车上的时间系统不一样，而且不同速度的车上的时间系统也不一样，这样他们分别感受的光速不就有可能是一样的了吗？就是说，你在地面或不同的车上，也就是说在不同的空间，会有着不同的时间系统。换句话说，时间会随着空间的转换而发生变化，这就是光速不变带来的必然结果。大家有点感觉吗？如果您还是觉得不清楚，不怪你，也不怪我；我这会就想拿个小黑板，为您讲讲洛伦兹变换。

有的人这会儿可能会发出这样的感叹，爱因斯坦绝对是天才啊，他竟然能想象光速不变。不，我敢保证，爱因斯坦也想不通光速不变的道理，因为他再聪明，也没有超出人的范畴。那他为什么能以光速不变作为相对论的初始假设呢？这还真不是什么天才的想象，是他比较"二"。

当时有个实验，叫迈克尔逊-莫雷实验，结果出来让人大跌眼镜，它让牛顿理论歇菜了。

当时有个大物理学家，叫洛伦兹，他发现只要引入光速不变，就可以解释迈克尔逊-莫雷实验的结果，就是所谓洛伦兹变换。但他马上很羞愧地说："光速咋可能不变，我这纯属瞎扯硬凑，为解释实验而解释。"

当时，有一个人——伯尔尼专利局的小职员，注意到洛伦兹变换，于是就以光速不变为基础，构建了一个理论——相对论，他就是阿尔伯特·爱因斯坦。当时的爱因斯坦可以说是一个"民科"，啥都不怕，光脚的不怕穿鞋的，光速不变又如何，于是他成功了。

这里就顺便引出了现代物理的游戏规则：一个物理学家在构建自己的理论体系时，必须要从一个或几个假设出发，这些假设无论多么无法理解、多么荒诞不经，但只要构建起来的理论能够解释实验和观测，那我们反过来就承认这个假设是正确的。

说了这么多，就是要让大家接受，时间和空间是会互相影响的，运动速度越快，影响就越大，引力越大，影响也就越大。正因为时间和空间会互相影响，所以二者成为一个整体，因此在相对论中，时空必须作为一个整体来看，其理论是在四维时空中展开的。

我们平时生活在低速、低引力之下，时间和空间之间也有影响，但是程度太小，感觉不出来，除非你佩戴一只铯原子钟。

四、弯曲时空

我们明白了四维时空，但为什么四维时空会弯曲呢？这的确是爱因斯坦的天才想象。

他是这样想的：比如我们斜抛一块石头，会在空中划出一个抛物线；你再斜抛一块铁块，也会在空中划出一个抛物线。如果你能使两次抛射的角度和初速度完全一致，那么这两个抛物线就是完全一样的，当然这里忽略了空气阻力。两个不同的物体，竟然轨迹完全一样，说明这与两个物体本身没关系，这和其他物理定律很不一样啊。

由此，爱因斯坦脑洞大开。不同物体、相同的轨迹，说明这是一个几何效应。为啥会展示抛物线？因为地球把时空搞弯曲了，时空是弯曲的，物体在弯曲的空间就只能弯曲着走，划出抛物线，否则应是一条直线。爱因斯坦的脑子的确不是普通人的脑子。

4-6 时空本身由于质量的存在发生弯曲

按照这种思路，我们就可以这样解释地球绕太阳转：太阳质量特别大，把周围的时空搞弯曲了，这样地球就只能在弯曲空间里绕着它。举一个形象的例子，四个人扯平一个床单，如果忽略这个床单的摩擦力，你在其上滚动一个玻璃球就是匀速直线运动。

现在，我们在床单中央放一个铅球，床单是不是就被压弯了？这时你再滚动一个玻璃球，它就会绕着铅球转，因为床单形成了一个弯曲空间。大家再想想，如果放上去一个特别重，但体积又很小的金属球，那床单会如何？假设床单很结实、很有弹性，小球特别特别重。那么小球就会把床单那个接触局部压下去，形成一个深深的洞，也就是这个部位被极度弯曲了，如果你在这个洞附近滚动玻璃球，就会马上陷进去，再也出不来，这就是一个模拟黑洞。

其实大家知道，无论刚才说的石块、铁块抛物线，还是地球绕太阳转，或者床单玻璃球，都可以用牛顿的万有引力给出很好的解释；但爱因斯坦也可用质量导致时空弯曲解释，这两个理论似乎是等价的，为何爱因斯坦打败了牛顿呢？

因为质量不只是导致空间弯曲，还导致时间也弯曲了。空间弯曲，靠刚才那个床单还能理解时间怎么弯曲吗？

刚才我们说了，在相对论中，空间与时间是一个整体，会互相影响。空间弯曲了，时间只能跟着弯曲，覆巢之下，安有完卵？你和另外一人绑在一起，如果他的腰被弄弯了，你的腰还能直着？

按照相对论的理论解释，时空弯曲得越厉害，时间就走得越慢。这一点好理解，你想时间这个箭头直着走得快，还是弯着快？所以时空越弯，时间就走得越慢。而时空弯曲是物体质量引起的，质量越大，弯曲程度越高，与这个物体越接近的空间其弯曲程度也就越高。大家想想床单与铅球，就都明白了。

当然这一切需要实验来验证。科学家先将两个铯原子钟完全对准，一个放在水塔的底部，一个放在水塔的顶端；过一段时间后拿下来一对，大家猜一猜，会是什么情况？一个表变慢了。哪个慢了？放在底端的慢了，因为这只原子钟距离地球更近，因而所处的时空弯曲程度比顶端的更高。当然，这个实验结果一出来，爱因斯坦的形象顿时高大了起来，时空弯曲这个现象你就不得不接受了。

在牛顿的世界里，空间是平直的，时间更是一个方向直着向前走；而在爱因斯坦的世界里，整个时空是弯曲的，被各种物体的质量弄弯曲了。想象一下，我们的世界本来是那张扯平的床单，但是有一个铅球压在了上面，于是我们的世界犹如那个床单一样，向下弯曲了。

想象一下我们的社会，为什么"天下熙熙皆为利来，天下攘攘皆为利往"？用牛顿的说法，就是利益的吸引力很大，把大家都吸引过去了；按照爱氏的说法，是这个"利"把社会搞弯曲了，人们处于这个弯曲的社会空间，不由自主地就去追名逐利去了，利字当头，身不由己。

以社会来打这个比方并不是很恰当，但很形象。大家想一想，我们有时追逐利益，还真不是处心积虑；换句话说，还真不是因为那个利益极大地吸引了我们，好像是一种不由自主、身不由己、自然而然的行为。咋解释？爱因斯坦说得好啊，是因为社会弯曲了，你坐得端、行得正，很难。就像你进入了一个小胡同，自然而然就随着胡同的蜿蜒而弯曲。

还是回到专业的说法：质量导致时空弯曲，弯曲的时空又会左右物体的运动。爱因斯坦彻底改变了我们对物体运动的认识，在他的体系中，已经不存在万有引力这个概念，只有弯曲的时空。

五、引力场方程：黑五类

物理学家研究自然现象，并不满足于定性的描述，还要追求定量的计算。所以要对研究对象建立起一个微分方程，并解出这个方程，得出它的运行规律。物理学家的职责就在于用数学公式来解释自然的力量。

爱因斯坦最出色之处就在于，他搞出了一个刻画弯曲时空的引力场方程，宇宙的奥秘似乎都蕴含在了这个方程之中，后来的人每从其中求得一个解，都是打开了一个令人震撼的宇宙密码。这个震撼度往往令爱因斯坦本人都无法接受。

1922年，研究者们就从爱因斯坦这个方程式中得出一个解，这个解告诉我们，宇宙正在膨胀。爱因斯坦知道后坚决不相信，这也太离奇了吧。如果说引力场方程是爱因斯坦的儿子，这解出的膨胀宇宙就是爱因斯坦的孙子，但爱因斯坦不相信他有一个如此"自我膨胀"的孙子。他总觉得宇宙是稳定的，他想把这个不肖子孙消灭掉。于是他开始怀疑方程有问题，试图进行修正；结果在1929年，天文学家哈勃经过观测，发现宇宙果然是膨胀的，爱因斯坦只得把这个孙子收了，嘴里还嘟囔着："这孙子，还真是我孙子。"

也就是说，爱因斯坦一旦"生下"了引力场方程这个儿子，他会生下什么样的孙子，他是完全不能掌控，也无法预料的。这引力场方程仿佛是一个潘多拉盒子，里面有多少妖魔鬼怪，爱因斯坦完全不晓得。这大概就是爱因斯坦超级厉害的原因，他不是发现了某个奇异现象，而是造出了一个奇异现象生成器。

现在再来看它造出的另一个孙子。

爱因斯坦引力场方程是一个二阶非线性偏微分方程，非常优美，但无法得出通解。关于微分方程大多都解不出来的话题，在前面几章已经说得很多了，这里不再重复。但人总是喜欢"柿子先捡软的捏"。例如中学物理，就是先研究静止物体这个"软柿子"，然后研究匀速运动的物体，最后研究匀加速运动的物体。为了事情好处理，一开始总是假设处于真空条件，这样就不用考虑摩擦力。当初牛顿研究物体运动规律也是这个顺序，从简单开始，慢慢再到复杂，最后才研究变速问题。

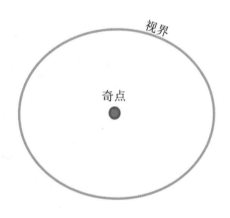

4-7 史瓦西黑洞

当时史瓦西看到这个引力场方程，也是一筹莫展，于是开始简化处理：假设这个天体处于绝对真空条件下，而且是绝对圆球体，不旋转、不带电。

这样一来引力场方程就大大简化了，史瓦西一高兴就将它解了出来。结果史瓦西发现，一旦这个天体半径小于某个数值，光就不能从其内飞出来。就这样，"史瓦西黑洞"横空出世，"史瓦西半径"名留青史。可爱因斯坦头又大了，刚认了一个"膨胀孙子"，现在又来个"黑洞孙子"。

不过事情还没完！在史瓦西的激励下，其他科学家继续求解引力方程。一个叫克尔的人很聪明，他认为史瓦西把最简单的情况求出来了，那就把假设稍微变一点儿，假设天体是旋转的。结果他发现了另一种黑洞，这个黑洞的中心不是一个奇点，而是一个"奇环"；据说沿着这个奇环走，可以不断地回到自己的过去。这就是"克尔黑洞"。

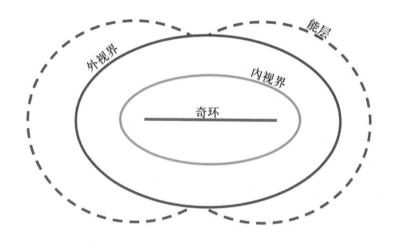

4-8 克尔黑洞

就这样，随着条件的改变，截至目前一共求得五种解，也就是五种黑洞，我们把它们简单记成"黑五类"。爱因斯坦"子孙满堂"，是不是有种马克·吐温竞选州长时的感觉呢？

总之，爱因斯坦的相对论预言了黑洞的存在，而且至少存在五种黑洞。其实，黑洞真是爱因斯坦的"亲孙子"。为啥这样说？爱因斯坦引入了弯曲时空的概念，试想：如果时空在某一个点极度弯曲，那么该点附近区域的物体是不是都要被弯进来？所以黑洞最标准的定义是："时空曲率大到光都无法从其视界逃脱的天体。"

现在大家已经知道，黑洞内部，也就是视界内部，我们是永远观测不到的，因为任何信息都出不来。但是爱因斯坦的引力场方程能算出黑洞里的事儿。不算不要紧，一算吓死人；黑洞里的事，还真不是人所能想象的，太黑了。

六、黑洞内外：时空互换

我们先复习一下"黑洞"概念。最简单的黑洞是球对称的"史瓦西黑洞"。在"史瓦西半径"处，形成一种奇异的球面，这球面就是黑洞的边界，物理学家称其为视界，意思是可见区域的边界。就是说，视界以内的任何东西都跑不出视界，这样黑洞外部的人不可能得到黑洞内部的信息。在黑洞中央有一个奇点，这个无穷小的奇点集中了黑洞的所有质量。

时空弯曲的地方，钟走得慢，弯曲得越厉害，钟走得越慢。从地球上看，黑洞表面上的钟完全停止不走了，因为那里的时空弯曲到了极限。假如一艘宇宙飞船趋进黑洞，远处的观测者将看到，飞船越靠近黑洞，速度越慢。最终就看到飞船粘在黑洞表面上不动了。但对飞船里的宇航员来说，他觉得时间的流逝依旧正常，他将在有限的时间内穿过视界进入黑洞。当然，他可能会觉得自己像一根扯面，越扯越长，最后迅速奔向黑洞的奇点。

为什么远处的观测者会觉得飞船黏贴在黑洞的视界，完全静止不动呢？首先，视界内部无法观察；其次，那个粘在黑洞表面的飞船其实是它的背影，因为时空弯曲得特别厉害，只能允许这个背影的光子一点一点往外跑，结果观测者就感觉飞船静止在那里了，其实它早已冲向了奇点。

我猜大家更关心飞船进入黑洞内部会发生什么事情。按照引力场方程的计算，黑洞内部的时空坐标要发生互换，原来的时间坐标会变为空间坐标，而原来的空间坐标却变为时间坐标。也就是说，你在黑洞里走来走去，空间就变成时间了，你往回走，不就是时间在倒流吗？你往前走，不就看到未来了吗？难怪有人说，黑洞蕴含着宇宙中过去和未来的一切信息。

你信不？反正我是信了。黑洞能把你一切思维全都"黑"了，这里的一切都是颠倒人间规律的。怎么理解时空互换呢？说白了，时间和空间就是一回事，是一个东西的两种不同表现形式而已。正如质量和能量之间可以互换，时空为何不能互换呢？

大家注意，既然黑洞中空间坐标变成了时间坐标，那个奇点，也就是半径R＝0的地方，就不是黑洞空间的中央了，是时间T＝0的地方。时间等于0，这意味着时间在那里终止了，或者说是永恒了。

现在，我可以庄严宣布：信黑洞者，得永生。

这一切的一切都是真的吗？我很认真地告诉大家，这一切都是从爱因斯坦的引力场方程中推导出来的。那么方程有没有可能出问题呢？这时有一个人站出来将剧情大扭转了，他就是斯蒂芬·霍金（Stephen Hawking）。

第三节 黑洞的终结：霍金辐射与白洞喷发

一、霍金辐射

1. 引子

讲到这里我们已经明白，因为黑洞巨大的质量密度，导致周围的时空极度弯曲，因此会如饕餮猛兽，吞食一切，就连光从中都出不来，是个货真价实的黑黑的无底洞。

但在科学研究的路途上，从来就没有所谓的"定论"。只有敢于挑战权威、质疑定论的人，才能登上新的高峰。

1975年，霍金发表了一个令人震惊的结论：黑洞并不绝对"黑"，它可以辐射出光子、中子等。我们将这个现象称为"霍金辐射"。

不过你霍金凭什么这样认定呢？人家广义相对论已判决性地指出，黑洞里啥都出不来，你有什么依据呢？原来，霍金引入了另一个巅峰理论——量子力学，来与相对论一并研究黑洞。

大家知道，量子力学是近代物理的另一大分支，体系非常庞大，这里只简要提及一些量子力学的知识。

2. 隧道效应

在量子力学所描述的微观世界里，粒子有一种神奇的本领，称为"隧道效应"。举个例子，大家都知道崂山道士吧，他们有一个本事就是能穿墙而过，而且墙体还好好的。当然这只是个神话。但是我现在要告诉你，每一个微观粒子都是"崂山道士"，这又是一个让人无法理解的自然现象。

还是打个比方，我们将足球踢向一堵墙，会出现什么后果？常识告诉我们，足球会被墙体反弹回来。但大家想想，如果这面墙是豆腐做的，又会如何？足球会破墙而过。这个现象用初中物理知识就可以解释，你把足球踢起来，足球获得一个动能，如果足球的动能超过了墙体的势能，就会破墙而过；如果小于墙的势能，就会被反弹回来；如果正好等于墙体的势能，足球就"趴"在墙上了。水泥墙，很硬，或者说势能很大，足球就会被反弹；豆腐墙，很软，或者说势能很小，足球就会破墙而过。

再设想一下，踢起来的足球，虽然动能不如墙的势能大，但还是穿了过去，而且墙体还好好的，一点都没破。你能想象吗？这是无法想象的。但如果把足球变成一个微观粒子，这种事时时都在发生。物理学家也无法理解，猜想是不是有一个特殊隧道让粒子过去了，所以将此命名为"隧道效应"，也叫"势垒贯穿"。

其实，哪里有什么隧道，这是一种量子效应，微观粒子是有可能穿过比它能量高的界面的。这是实验反复证实了的现象，不接受也得接受。

对于黑洞的边界来说，视界就是一个能量特别高的势垒，任何粒子所具有的能量不可能超过这个势垒。但微观粒子能像崂山道士一样，有可能穿过这堵墙。这真是应了中国的老话：没有不透风的墙。

如果是这样，对于黑洞外部的观测者来说，就会看到有粒子流从黑洞中出来，因为量很少，仿佛在蒸发一般，所以也将之称为"黑洞蒸发"。想象一下，一个刚蒸好的黑面馒头，它在黑暗中蒸发着热气，这就算山寨版的黑洞蒸发了。

也就是说霍金让黑洞发光了！这个辐射虽然很微弱，但令霍金熠熠生辉，由此一举获得了当代最伟大物理学家的称号。

顺便提一句，霍金辐射还有另一种解释，就是真空中产生正反虚粒子对，一个掉进黑洞，另一个跑了出来，这也就是黑洞向外辐射了。这也是一种量子效应，与刚才那个解释是等价的，就不多说了。

3. 霍金为何未获诺贝尔奖?

不过提醒大家注意，霍金辐射到目前为止只是理论推算，并没有获得观测的证实，所以诺贝尔奖无法授予他。因为诺贝尔遗嘱有规定：只奖励已经获得实验观测证实了的理论。什么意思？你说炸药遇到高温会爆炸，你给我炸一个试试，否则别想拿钱。这就是"炸药奖"的潜规则，不，是明规则。杨振宁和李政道发表一篇论文，凭什么就能获得诺贝尔奖？因为吴健雄做了一个实验，把他俩论文的结论证实了。

我觉得，霍金想获诺贝尔奖不太可能，霍金辐射很微弱，从黑洞里跑出来那点粒子早就淹没在正坠入黑洞的热气团中了，怎么可能观测得到？不过，像霍金这样级别的人，还需要用诺贝尔奖金来证明自己吗？

4.蒸发速度

霍金牛就牛在，还算出了黑洞蒸发的速度，他通过计算发现，质量越大的黑洞蒸发越慢，反之蒸发越快。一个质量像太阳那么大的黑洞，大约需要10^{66}年才能蒸发殆尽；但是质量和一颗小行星相当的黑洞，竟然会在0.0000000000001秒（10^{-22}秒）内就蒸发得干干净净！

前些年，西欧核子研究中心建成了新一代大型强子对撞机，声称要制造出一个微型黑洞。一个印度学生听到这个消息后，惊恐万分，直接就结束了自己的生命。其实没那么可怕，因为这样的微型黑洞一产生几乎立即就蒸发了。即便我们都被吸进去也没什么，黑洞里面到底怎么回事，进去了才能知道。不入黑洞，焉知洞黑？说不定里面还别有洞天，牛顿和爱因斯坦正在里面探讨白洞问题呢。

知道了霍金辐射，我们也就知道了黑洞最终的命运：一个孤立的黑洞会逐渐辐射其质量；开始很慢，随着质量减少会越来越快，最后在灭亡的瞬间发生爆炸。这样，弯曲的时空又恢复为平直的时空，牛顿又笑了。

不过，这个命运只是霍金设定的，有人还为黑洞设定了另一种命运。

二、白洞喷发

刚才说过，黑洞这个魔怪可以从广义相对论的引力场方程中推算出来，这个潘多拉盒子还可以推算出另外一种魔怪——白洞。白洞？什么东西，不是在玩文字游戏吧。这推算出的白洞和黑洞一样，也有一个封闭的边界。但与黑洞不一样的是，黑洞边界内只进不出，而白洞边界内只出不进。

从理论计算来看，白洞周围的时空是反向弯曲的，即便是光直直地向白洞中心冲去，也会被其弯回去，可谓"白洞重地，无物可入"。

或许，各位已经接受了黑洞，但此时此刻你还能接受白洞吗？它只出不进，白花花地将它体内的各种物质向外喷发。有人肯定会追问，有天文观测证据吗？有一点儿。

天文学家在宇宙中发现了一种奇怪的星体，也就是一般恒星的个头，但它的亮度比一个星系还高几万倍；科学家暂时把它叫类星体。类星体个头这么小，亮度却如此之大，真是不可思议。于是有人就说，这就是白洞，因为小白洞可以发出这样的亮度。就这一点证据，当然不能令人信服。

有黑洞则有白洞，倒非常符合中国古代哲学的思想，阴阳对立，阴阳共生，万物负阴而抱阳。而且阴阳可以互相转化：阴极则阳生，阳极则阴生。有黑洞，当然会有白洞，一阴一阳之谓道。当然，西方科学家不是这样想的。他们之所以相信白洞，是出于对称性的思考。白洞与黑洞相辅相成、对立统一，物质坍缩成一个中心奇点与物质从一个中心奇点爆发出来，本就是相反相成的两个过程，有什么不能想象的呢？

甚至，还可以将白洞联系到宇宙大爆炸理论。大家知道，我们的宇宙是从一个鹌鹑蛋大小的奇点爆炸而诞生的，现在还在膨胀。这个爆炸是不是就可以看作白洞的喷发呢？等宇宙膨胀到一定程度，又会再次坍缩，最后变成一个黑洞，周而复始。也就是说白洞是宇宙的起点，而黑洞是宇宙的终点。一黑一白，玩转宇宙。有没有可能呢？

不过更富有想象力的理论是这样的：

黑洞只进不出，是一个"入口"，那就应该有一个只出不进的"出口"，就是所谓"白洞"，所以黑洞与白洞是成对出现的。如果真是这样，黑洞和白洞之间就应该有一个输送通道，这就是传说中的虫洞。也就是说，黑洞不断吸取的大量物质，通过虫洞运送到白洞，再将之慷慨地喷发出去。黑洞相当于一个大肆敛财的暴发户，而白洞就是挥金如土的富二代。

虫洞并不是物理学家凭空想象出来的，它和黑洞、白洞一样，也是从爱因斯坦的引力场方程中解出来的，还有一个学名，叫"爱因斯坦-罗森桥"，它就是黑洞通往白洞的桥梁。关于虫洞更多的性质，我们在讲平行宇宙时再展开。

说到这里，有人就不理解了，不是说进入黑洞中的物质最终都落入其中央的奇点了吗？为何会从奇点再传输给白洞呢？有科学家如此解释：黑洞里面的时空不只是弯曲，是已经极度扭曲，这种扭曲的力量使得黑洞内的物质不是直直地落入奇点，而是七扭八扭地从另一边喷了出来。

反正黑洞里的事儿，谁也说不清楚，他姑妄说之，我们姑妄听之。

三、广义相对论与量子力学的相遇

综上所述，科学家对于黑洞的命运给出了两种完全不同的结局：前者是霍金所认为的，黑洞也会辐射，随着黑洞辐射不断减少质量，最后爆炸而亡；后者认为，黑洞将其物质和能量通过虫洞传递给白洞，再将这些物质全部喷发，黑洞传递完自己也就消亡了。

这两个理论到底谁正确呢？两个都是从数学物理方程中推导出来的，而且都缺乏实际观测的依据。谁也没有观测到霍金辐射，谁也没见过虫洞，所以谁也说服不了谁。

到此为止，大家或许有这样一种感觉：关于黑洞内部的事，科学家有很多并存的说法，谁也不占优势。根本原因就在于，现有的物理理论无法确切研究黑洞，尤其是黑洞内部。

这话怎么讲？史瓦西就是用爱因斯坦引力场方程求解出黑洞的，不是挺好的吗？难道这个方程有问题？是这样的，这个方程很好，但用来研究黑洞，问题很大。

大家知道广义相对论是用来研究宏观天体的，它虽然预言了黑洞的存在，但用它研究黑洞就相形见绌了。因为黑洞已经把自己坍缩成了一个奇点，这就意味着黑洞内部从宏观领域转向了微观领域。而微观领域的研究需要依靠量子力学，广义相对论根本就插不上手。但是黑洞所造成的极度弯曲的空间，又在影响远距离的天体，又是一个宏观大尺度的问题，所以只用量子力学研究它也不行。

因此，必须要缔造一个结合广义相对论和量子力学的"万有"理论，才有可能真正解决黑洞问题，让黑洞内部的奥秘大白于天下。

霍金走出了第一步。他之所以能推导出黑洞存在向外辐射的现象，就是在研究黑洞时，基于广义相对论，引入了一点量子力学的元素，从而得出"霍金辐射"这个重要结论。

有人或许不解，霍金就推导出了黑洞的霍金辐射，凭什么就能跻身当代最伟大的物理学家之列呢？其实推出霍金辐射本身并不是惊天地、泣鬼神的事情，关键是在这个推导过程中，第一次将量子力学引入广义相对论，实现了两大理论的初步结合。这位在轮椅上坐了四十年的伟人，正是以此震撼了整个科学界。

不过，有人把霍金与牛顿、爱因斯坦相提并论，就未免太夸张了。如果霍金还在，能将量子力学和广义相对论完美地结合成一个体系，那么他将与牛顿、爱因斯坦并驾齐驱。不过这实在太困难，量子力学与广义相对论几乎是水火不容，牛头不对马嘴。想要实现两个理论的统一，必须要横空出世全新的思维，从更高的层面才有可能进行对接。

第四节　万物皆弦

一、引子：广义相对论与量子力学的无法调和

　　黑洞确实很黑，其外观不可观测，其内部难以推算。它中心的那个无限小、无限致密的奇点，导致了现有物理学定理全部失效。强行求解爱因斯坦引力场方程，就会在奇点处产生无限多种可能，例如白洞、虫洞、时空坐标互换，各种妖魔鬼怪全都跳了出来，连爱因斯坦自己都心惊胆战。这真是：天生一个大黑洞，无限风光很惊悚。

　　黑洞是何方妖怪，竟然使现有物理定理全都"歇菜"了？我们人间不是有相对论和量子力学两大神器吗，为何不去降伏这个"黑魔头"？

　　这是因为，广义相对论用来对付宏观大尺度天体，而量子力学是解决微观粒子之间关系的。黑洞一方面极度弯曲了时空，影响宏大；另一方面极度坍缩，化为奇点，甚是微观。也就是说，黑洞横跨宏观和微观两大世界，令众位物理大侠一筹莫展。

　　有人会说，广义相对论与量子力学联手，何愁不能斩妖除魔？说得轻巧，联手难，难于上青天。这两大理论分别把持着宏观和微观两大领域，对于客观世界的基本认识、基本概念是完全不同的，甚至是互相冲突的。过去井水不犯河水，倒也相安无事，今朝遇见黑洞，这两大理论必然有一场遭遇战。

　　听了这番讲解，有人肯定觉得我故弄玄虚，两个理论都是科学，怎么能对客观世界的基本概念都不一样呢？我略举一例便可明晓。量子力学认

为粒子与粒子之间是通过交换更小的粒子而相互作用的，比如两个人滑冰时，互相传递一个皮球就会交换作用力；而广义相对论认为是弯曲的时空在影响物质的运动。一个是传递力的系统，一个是弯曲时空的几何，这怎么调和？霍金也不过是把量子力学硬掺进了广义相对论，那不是调和，是混杂，是拉郎配。

将两大理论统一就存在这样一个问题，是把量子力学往广义相对论上结合，还是把广义相对论往量子力学上结合呢？两条路都有人走，但后者的成果较为显著。其实也不难理解，微观可以解释宏观，但宏观显然是无法解释微观的，所以应该以量子力学为基础。说到这里，我们就必须要展开了。

二、四大力的统一梦想

追求统一，追求对宇宙解释的一致，这是科学家最大的梦想。牛顿的伟大贡献是将苹果落地与地球绕太阳转统一于万有引力；麦克斯韦的伟大是将电与磁统一，变化的电场产生磁场，变化的磁场产生电场；爱因斯坦的伟大之一是把质量和能量统一了，$E=mc^2$。质量和能量，就是一种东西的不同形态，就好比冰和水的关系，其实都是 H_2O。科学家在统一的路上，虽然充满艰难险阻，但从未停止过他们的脚步，因为那是一种信念，是要将一切"定于一"的信仰。

再说个通俗点儿的例子，我们平日吃的鸡鸭鱼肉，表面上看起来都不一样，但其实都是由蛋白质构成的；蛋白质虽然各有不同，但都是由二十种氨基酸组合成的。再追下去，二十种不同的氨基酸都是由碳、氢、氧、氮、硫等原子构成。有人会说，这几个原子还不同呢。但不同的原子不就是由一模一样的电子、中子、质子构成的吗？什么？电子和中子还不一样，行了，先打住，否则就剧透了。

刚才打这个比方是想说明：宏观表面上看着很不一样的物质，其内在构成都一样，越往底层追，就越是一样。这就是科学家追求大统一的原动力。

我们再来看看粒子与粒子之间的作用力有多少种，有没有可能实现统一。

目前，人们发现微观粒子之间仅存在四种相互作用力，即：引力、电磁力、强力、弱力。如何把这四种力统一起来，建立一个大一统的理论，是物理学家的最高梦想。爱因斯坦临终前，在床榻上还在向这个方向努力，但毫无进展。

有心的读者可能会问：你怎么又开始说引力了，不是都改成弯曲时空了吗？是这样，我们现在准备以量子力学为基础来建立万物理论，量子力学中是没有弯曲时空这个概念的，所以现在又回归到万有引力了。

我们先看看这四种力的运作方式。电磁力，我们熟悉，就是带电荷的粒子之间通过电磁场来传递的相互作用力，或者干脆说，是通过交换光子而产生的作用力，光就是电磁波嘛；强力，就是像质子、中子这类强子之间发生的作用力，是通过交换胶子来实现的；弱力是通过传递 W 及 Z 玻色子来实现的。

说到这里，读者肯定十分想知道万有引力是通过交换什么子来实现的。抱歉，截至目前，还真不知道。如果它不是通过交换什么子来实现，这就意味着用交换粒子来统一四种力的这条路走不通。如果不通的话，就要走爱因斯坦弯曲时空的道路了。大家想想，仅仅把引力改成弯曲时空就让我们痛苦不堪了，如果再把电磁力、强力、弱力都视作时空弯曲，还不"弯"死我们？所以交换粒子的道路必须走通，引力必须是靠一个子来传递的，物理学家虽然没有发现这个子，但名字都起好了，就叫引力子。如果真有引力子，这四大力就可以统一用交换各种粒子来解释了。

你别说，引力和其他三种力确实很不一样。仅就强度来说，强力最大，电磁力次之，弱力就很小了，引力是极微小极微小的，以至于微观粒子之间的引力都可以不考虑，只有天体，因为质量大、粒子多，形成了"团购效应"，才会表现出强劲的引力。比如高楼上抛掷一个铁球，为何会向下落？那是因为地球对它的引力。但铁球砸到地面上，为何不能钻进去？那是因为地面的电磁力太大了，铁球根本就对付不了。这引力虽然极小极小，但是它的作用范围却是无限的。这确实有点儿奇怪。

更奇怪的是，我们一直不能发现引力子，这使得统一四种力的进程很渺茫。我们发现不了引力子，至少要从理论上推导出引力子吧；就像我们看不到黑洞，但我们能推导出来啊。可拿什么去构建引力子呢？

三、引入弦论和多维空间

1. 引子

这时，物理学界开始出现一种很玄乎的理论——弦论。刚开始参与的人不多，别人觉得他们装神弄鬼的；但后来反转了，越来越多的人参与进去。为什么？因为它能导出引力子。

弦论，是个啥玩意儿，听着挺邪乎。首先看看构建弦论的科学家是以什么为出发点的。

大家都知道，各种物质都是由原子构成的，原子是由原子核和电子构成的，原子核中是质子和中子。后来发现，质子和中子又是由夸克构成的，还有传播子，就是刚才说的传递四种力的四种粒子：传播电磁力的是光子，传播强力的是胶子，传播弱力的是 W 及 Z 玻色子，传播引力的猜测是引力子。这样一来，大自然还是不统一，基本粒子有很多：夸克、电子、光子、胶子之类的，能不能把这些不同的子统一到一种基础上去？也就是说这些不同的基本粒子，不过是一种更底层的"东西"的不同表现而已？

这个更底层的"东西"是什么呢？大家都没见过。缔造弦论的科学家认为：它是很小很小的弦，这些弦的不同振动和运动就产生出各种不同的基本粒子，夸克、电子、光子等等，一律都是弦。

弦论后来结合了超对称理论，成了升级版的超弦理论。我们下面就直接介绍高版本的超弦理论。

2. 超弦理论

超弦理论认为，万物皆弦，同样一根弦，这样振动是电子，那样振动是夸克，又一种振动又是另一种夸克，这几个夸克弦勾连起来，就是中子，那几个夸克弦勾连起来就是质子；中子和质子的组合就是原子核，原子核与电子组合就是原子，原子与原子组合就是宇宙万物。万物皆弦！

就连四大力也是弦。传播力的无非是光子、胶子、玻色子、引力子，也都是那根弦的不同振动而已。

让我们再欣赏一下弦论的风采！每一个基本粒子都是一根细细的琴弦，它们可以打开两端形成开弦，也可以闭合两端形成闭弦。当你拨动它的时候，它就奏出了不同的音调，这些不同的音调就是不同的基本粒子。宇宙就是无数振动的琴弦所构成的，是一个庞大的交响乐团，时时刻刻都在奏响着伟大的乐章。

过去我们困惑于粒子为何具有波动性，现在明白了，粒子本来就是琴弦，它怎么能够不波动呢？或许你又困惑于不同的粒子为何有不同质量，超弦理论再次告诉你，琴弦振动得越厉害，粒子的能量就越大；振动得越温柔，粒子的能量就越小。能量和质量根据质能方程 $E=MC^2$ 就是一回事儿，所以能量大的粒子质量就大，反之就小。

3. 多维时空

这个弦本身没有宽度，所以是一维的，但它在时空中的运动轨迹极度复杂，以至于我们人类所生活的四维时空根本就装不下它；它要大了，咱们的四维时空庙太小，人家需要更广阔的空间，更高的维度。

前面讲的四维时空，大家没有忘吧？三维空间加上一维时间，就能刻画出我们世界中任何一个物体的运动轨迹。我再友情提示一下，这里不用再考虑时空弯曲了，因为我们在这里抛弃了爱因斯坦的理念，这里是平直的时空。

大家可以想象，弦的不同运动模式要构建出不同的基本粒子，其运动复杂性绝对不是四维时空所能罩得住的。正如我们趴在地面上，匍匐前行，二维空间足矣，但如果连蹦带跳，跳着蒙古舞，二维空间就容不下了，必须三维空间。这弦之震动的复杂，超出了大脑想象，需要十维时空才装得下它的运动。如果你非要问为什么是十维，不是二十维，我就原原本本告诉你：这是数学方程计算出来的结果。

有人肯定会说，我怎么看不到那个更高的维度呢？我只能打比方来解释：比如一根水管，远看像一条线，我们认为是一维的，但近看发现，水管还有自己环状的表面，所以它是二维的。因为水管环状的维度卷缩了起来，所以远看的时候发现不了。十维时空也类似，有六个维度卷缩了起来，我们看不到，仪器也看不到。

但有人非要在脑海中构想出一个十维时空的画面，这只能是自寻烦恼。我敢保证，连爱因斯坦、霍金也是想象不出那个画面的，为什么？还是那句话，我们都是人，超越不了。

这个超弦理论的提出者为何要引入高维度的时空结构呢？就是为了搞大统一理论，把不同的粒子、不同的力统一到同一个因素——弦当中。为什么高维度就容易统一呢？

想象一个轮胎，我们沿着直径截取，或者说切上一刀，在这个横截面上就会出现两个圆圈。仅仅从横截面来看，这两个圆圈是毫不相干的两个圈圈，但在三维空间看，这两个圈圈不过是轮胎的两个不同部位而已。也就是说在三维空间，我们把两个貌似不同的圈圈统一在一个轮胎上了。

我们再想象一下，在刚才的横截面上活着一种二维生命，它只能看到这个横截面上的事物，那么它就只能认为这两个圈圈是两个不同的东西；如果，现在让这个轮胎跳舞，各种反转、扭摆，那么这个横截面就会截出不同大小的圆圈和椭圆，这个二维生命会将这个不同大小和形状的圈圈进行分类，例如电子圈圈、夸克圈圈、胶子圈圈等它就是一个轮胎，哪有这么多不同的圈圈？这就是高维度空间能统一低维度事物的道理。

如果超弦理论确实正确，也就是说确实存在十维时空，那人类的感知就活在四维时空的横截面上。为了更好地理解这一点，我们把《三体》中的例子再变着法子说一下。

假设有一种二维生命体，就活在二维地面上；对它们来说，这个世界只有前后、左右，根本没有上下这个概念。这个地面上放了一张四条腿的桌子，但他们只能看到四条腿在地面上的接触面，就是四个互不相连的小正方形。有一天，一个人走了进来，二维生命看到的就是两个向前移动的脚印，而且两个脚印忽大忽小，因为人总是后脚跟先落地，然后前脚掌才落地。这个人走到桌子旁，将桌子举了起来，脱离了地面，那么对于二维生命来说，那四个小正方形在它们的世界中就消失了。这个人将桌子在空中颠倒过来，倒扣在地面上，桌面接触了地面，对于二维生命来说，就是突然出现了一个特别大的正方形。它们或许会认为这个特大的正方形，就是那四个小正方形演变过来的。其实，折腾了半天是同一张桌子。

说了半天，其实就是想表达这样一个道理：低维度空间的生命，会把同一种东西看成不同的事物，这些不同的事物其实是同一种东西在低维度空间的投影而已。记得过去有一个宗教人士是这样讽刺科学的，"你们不是在研究真理，是在研究真理的影子。"说的就是这个意思。不过现在有十维时空的超弦了，你还能说科学家在研究影子吗？这就看大统一理论能否构建成功了。

4. 引力子的出现

有了十维时空，有了超弦，这就为大统一奠定了基础，万事俱备，只欠东风。东风是谁？刚才我们说过，横亘在统一路上最大的障碍就是引力子。造不出引力子，谈统一四种力就是空中楼阁。

令人惊喜的是，物理学家后来在超弦方程中，发现了一种封闭的弦，恰好符合引力子所要求的性质，也就是说这个弦环就是引力子。这真是：众里寻他千百度，那子却在闭合琴弦处。

有了引力子，不但统一四种力有了巨大前景，而且也为量子力学与广义相对论的兼容提供了机会。其中一个明显的成果是，用超弦理论也可以推导出霍金辐射，甚至可以导出整个相对论，超弦理论表现出很好的向下兼容的特性。

超弦理论还得出一个更令人震惊的结论：我们的空间中有裂缝，这个裂缝可以通向平行宇宙。

总而言之，超弦在理论构建上取得了巨大成功，有可能成为物理学家梦寐以求的万物理论。过去嘲讽超弦理论是故弄玄虚的物理学家，很多也抛弃了偏见，纷纷投入超弦理论的研究中。不过，目前超弦理论还无法证明，主要是因为现在的加速器还不够强大。科学家研究微观粒子的方式，就是将它们加速，然后让它们对撞，看能撞击出什么新的碎片。加速得越快，粒子撞击得越碎小，更微观的特征才能体现出来。目前世界还没有造出能够检验超弦理论的对撞机，因为这太烧钱了。

所以大家只能用心于理论的构建，企图将更大范围的物理现象纳入自己的体系。结果是，不同物理学家搞出了五种不同的超弦理论。超弦理论的目标本来是要统一对宇宙的解读，结果自己先内讧了，怎么办？这五个不同的超弦理论好像都很有道理，能不能把它们统一起来？

怎么统一呢？我估计有听众已经猜到了——用更高的维度。在更高的维度下，五个不同的超弦理论不就相当于同一个桌子的五条腿吗？

第五节　膜出宇宙

一、由弦到膜

万物皆弦。一样的弦，在十维时空的不同振动，表现出不同的基本粒子，从此宇宙万物归于一根细小的弦。好玄妙的理论，那整个宇宙运行不就是无数的微弦奏出的一部交响乐章吗？有诗为证：玄之又玄谓之弦，大道归一就是弦，说来说去无非弦，熙熙攘攘都是弦。

超弦理论如此美妙，引无数物理大家纷纷献身，闭门造弦，各立山头，整出了五种不同的超弦理论，也就是造出了五种不同版本的弦，他们各执一词，都说宇宙是自己的那种弦构成的。超弦内部都不统一，还如何统一寰宇？

孔子登泰山而小天下，威腾挟超膜而小超弦。威腾，好威风的名字，美国普林斯顿高等研究院的教授，他在1995年悍然出手，证明了：这五种不同的超弦，不过是在十一维时空下同一理论的不同表达而已。果然不出所料，一旦增加维度，原来十维时空中的五种貌似不同的弦，其实是一回事儿，不过是超膜理论在十维时空的不同截面。

威腾是这样想的：你们把粒子看成弦，结果冒出了五种弦；而我把粒子看成一片膜，膜当然要比弦更有纵深、更有内涵，所以需要十一维时空来容纳它。为何这个超膜就能统一五种不同的超弦呢？这是一个复杂的数学过程，但我们可以这样形象地理解：

我们在案板上放一片海带，这不就是一片膜嘛！然后我们沿着一个方向细细地切，切出的丝不就像是一根根的弦吗？如果换一个方向切，不就切出另一种形状的海带丝了吗？也就是说，海带中蕴含了各种形态的海带丝，或者说超膜中蕴含了各种版本的弦。即在十个维度中运动的弦，其实都绕在第十一维度的膜上。

二、卷曲的大膜与虫洞

好神奇，此时我觉得语言太贫乏了，无法表达我此时的感觉。我对超膜的膜拜如同刚出笼的一屉大蒸馍，热情腾腾，奔涌而上，直冲霄汉。

超膜意味着：所有的弦都是束缚在时空的一张膜上，我们就生活在这张膜上，这就是我们的宇宙。但这张大膜不是平的，它经过了无数次的卷曲，所以沿着膜走很远的距离，其实很近很近。这里要好好打个比方：

拿一张长方形的纸，将一只蚂蚁放在一个短边，然后你在对边，也就是另一个短边蘸一点糖水，蚂蚁就会沿着纸面向糖水走去，路挺长。这时，你小心翼翼地将这张纸沿着长边的中线，弯曲对折起来，这样蚂蚁所在的短边与蘸了糖的短边是不是挨得很近了？这时候蚂蚁只要一跳，就到了有糖水的那一边了。但这个蚂蚁不会，因为据说蚂蚁就是一种二维的生命，对它来说，只有前后左右，而没有上下的概念。上蹿下跳就是要突破二维，进入第三维度。但蚂蚁没有这个本事，虽然纸面已经弯曲，它仍然会老老实实地沿着纸面走，所以它会觉得糖水离它挺远，虽然就在它的头上或脚下。

回到我们的宇宙，很多天体动辄距离我们几十亿光年，真有那么远吗？如果从人类所在的四维时空来看，就是这么远，这是蚂蚁思维。但是，如果宇宙真的像超膜理论所说，是一张卷曲了很多次的大膜，那这些距离几十亿光年的天体对我们来说可能就近在咫尺。问题是，人类有无可能超越四维时空，利用十一维时空，直接穿越到遥远的天体呢？有，完全有可能，因为我们毕竟不是蚂蚁。

想象一个红红的苹果，上面爬了两只虫子，都想到达苹果的另一面，其中一个就沿着苹果的弧面爬过去了；而另一个，不想走寻常路，再加上它又是一个吃货，于是开始原地啃苹果，啃出一个坑，钻进去再啃，就这样吃出来一个洞，就如同人类打隧道一般。只要这个虫子坚持向前吃，最终也能到达苹果的另一面，这不就是"虫洞"吗？虫洞的名字就是这么来的。

在我们的十一维卷曲膜宇宙中是不是也有虫洞呢？虫洞在爱因斯坦引力场方程中就能推导出来，这里不再多说。这里要看看超膜和超弦理论是怎么看待虫洞的。

超弦理论早就导出一个令人震惊的结果：我们的空间结构是离散的，而不是连续的！也就是说，空间并非是无限可分的。空间有它的最小尺度，为10^{-33}厘米，它太小了以至于我们感受不到。

空间不连续，也就是说它具有一个最小的、不可分割的值，那么每一个最小的空间就是一个独立的单位。这就意味着，宏观空间是由一份一份独立的小空间拼接而成的；既然这样，小空间之间就会有缝隙。如果用高能量轰开这个裂缝，一个虫洞就会出现，穿越就可以实现，几十亿光年距离的天体一会儿就能到达。就好比秦岭隧道开通后，就不用走盘山公路了，直接由隧道穿越而过，节省了很多时间。隧道不就是现实版的虫洞吗？

超膜理论等于告诉我们，裂缝存在于空间的每一个角落，只要有足够的能量，可以在任何地方凿开一个虫洞。换句话说，虫洞不只是存在于黑洞与白洞之间。当然，轰开虫洞所需的能量太大，人类现在还没有这个本事。以后呢？我对人类是有信心的。

三、膜与平行宇宙

我们的宇宙既然是一张大大的卷曲的膜，为什么不可以有另外一张膜、另外一个宇宙与现存的宇宙同时存在呢？这就是平行宇宙。

1. 平行宇宙的证据
从理论上来讲，平行宇宙完全有可能存在，但问题是我们为什么没有观测到。这一点都不奇怪，按照超膜理论，光子只能沿着膜旅行，而不能穿过两膜之间的空间。也就是说，我们宇宙这张大膜上的光，只能在我们自己的宇宙里转悠，它被这张膜完全束缚了。同样，另一个宇宙的光，被它那张大膜束缚住了。所以两个宇宙的光信号没法交流，这样当然就观测不到，如果真要观测到另一个平行宇宙的光子，反而说明超膜理论错了。

话说到这种程度，有人可能觉得，这样的话平行宇宙永远无法感知，岂不成了物理学家瞎扯了吗？你爱咋说就咋说，反正也不可能有任何感知。如果真的如此，平行宇宙就不是科学的研究范畴了，因为科学必须基于可观测、可验证、可证伪的基础之上。

在我们的宇宙中，有一个东西可以突破这张大膜传递到另一个宇宙，大家猜一猜，它是谁？你能猜到的，因为它就是刚才谈论中的一个主角——我们千呼万唤始出来的引力子。引力子不会被限制在膜上，它会渗透到整个空间。这就解释了为什么四大力中引力作用距离最长，而力度却极小极小的道理。大家想一想，另外三种力，自觉能力有限，就只在我们这张膜上发挥作用，所以力度还是挺强的；但引力子，心怀远大、好高骛远，不甘心一生待在一个膜中，向往其他膜宇宙，四处乱窜，于是就发散了。一个本来挺强的力度就这样被分散了，当然留在我们这个膜宇宙的力度就显得小了。

大家试着想一想，地球每时每刻都发送出很多引力子，作用于周围其他物体，产生出吸引力的效果。但这些引力子中的一部分，从我们所在的膜宇宙中跑出去，作用于其他膜宇宙了。有人已经反应过来，这样的话其他膜宇宙的生命就有可能探测到这些引力子？是的，没错。

于是有科学家就在想，我们是不是也可以感知其他平行宇宙对我们的万有引力呢？北卡罗莱纳州大学的霍顿教授对此进行了精心的理论构建，由此猜测我们的宇宙背景辐射可能会有异常，这是因为其他平行宇宙的引力拖拽造成的。

宇宙背景辐射，它是一种充满了整个宇宙的辐射，是当年宇宙大爆炸所产生的辐射残留，就像一个炸弹爆炸后，还会残留一些温度。理论和观测都说明，宇宙背景辐射是均匀分布在整个宇宙不同方向的。

但霍顿认为，如果有平行宇宙存在，这个平行宇宙的引力就影响到宇宙背景辐射，这样我们宇宙的背景辐射必定会在某个部位受到影响，也必然会出现异常。这是霍顿的大胆猜测，结果还真被猜着了。

天文学家在观测宇宙的背景辐射时，果然发现有四个异常的地方，感觉是被其他宇宙摩擦所形成的四个圆形图案。这似乎说明，我们的宇宙至少有四次与其他平行宇宙发生了遭遇。其实，这不是真的接触摩擦，如果要那样我们的宇宙早就爆炸了。是我们宇宙的那四个部位与其他宇宙靠得有点近，所以感觉到的引力特别强，就好像被另一个宇宙拖了一下，造成了四个异常的背景辐射区域。

这个发现，当然令霍顿非常高兴，她声称：这意味着平行宇宙的存在已被证实。但是，大多数科学家还是对此持观望态度，为什么呢？因为这个异常的背景辐射也可以有其他解释，不一定非要平行宇宙才能造成。比如说，一个人发烧了，能说他一定感染埃博拉病毒了吗？不能，或许他是SARS、狂犬病，或者就是普通感冒，甚至只不过是看黑洞理论看得很烧脑而已。

平行宇宙的存在还需要更多的证据。如何才能更好地验证呢？就是要不断地去构建这个理论，然后让它产生更多的预测，从而产生更多的验证机会。就像相对论，当年如果只停留在光速不变的假设上，爱因斯坦只有招人讽刺挖苦的份儿，但爱因斯坦以此构建起庞大体系，做了很多预测并不断得到证实，从而确立了相对论的科学地位。

2. 两个膜宇宙之间的连接 —— 黑洞

要想确立平行宇宙的科学地位，首先面临这样一个问题：我们是否有可能前往平行宇宙，真正地到另一个膜宇宙看一看，瞧一瞧那里是伊甸园还是琉璃世界？这个问题我们不能简单回答。

首先我们的膜宇宙与另一个膜宇宙距离很近，可能就是一步之遥，但我们为何跨不过去？刚才讲到，连光子都无法脱离这个膜宇宙，何况我们凡夫俗子，谁能比光子跑得还快？不过，引力子可以从我们的宇宙跑到另一个宇宙，但我们总不能骑着引力子过去吧，也骑不住啊。

现在又要让大家思考一个问题：两个宇宙，也就是两个在十一维空间卷曲的膜，在它俩离得比较近的时候，它俩的哪个部位可能贴在一起？我相信有人会猜到，因为这个部位也是我们本章的大主角。

到底是哪个部位呢？估计很多人猜到了，就是黑洞啊。但这是为什么呢？两个膜宇宙之间只有引力子可以传递，或者说只能感受万有引力，那么两个宇宙中万有引力最强的部位就应该吸引得最强烈。这个道理大家都明白，吸引力最强的部位当然是黑洞了，两个宇宙的黑洞就互相对接了。此时，你脑海中有没有画面感？虚空中两大块薄膜，偶然相遇，一块薄膜上的黑洞与另一块上的黑洞迅速结合在了一起。这两个黑洞之间对接的桥梁是什么？就是爱因斯坦-罗森桥，也就是那个虫洞。

所以，如果一个人有志进入另一个平行宇宙，首先要敢于进入黑洞，然后通过虫洞，这种探险非常刺激，是哥伦布当年的大航海无法与之比拟的。

3. 我们的宇宙从哪里来？

紧接着我们会面临另一个大问题：我们的宇宙是从哪里来的？大爆炸理论这样回答过我们：137亿年前，一个致密的奇点大爆炸之后形成宇宙。我们肯定要追问，这个奇点是怎么来的，之前是咋回事？科学家于是很轻蔑地说："你不能问这个问题，奇点就是一个奇怪的点，它就没有之前，因为奇点爆炸之后才出现了时间和空间。"听了这个回答，我们有点不敢吭气了。如果再问，是不是会显得我们很幼稚，但我们心里不服啊！凭什么不能问，又不是你的个人隐私！

有了超膜理论，有了超膜构成的宇宙，这个问题不但可以问，也可以回答，而且还可以有两种不同的回答。

回答1：两个宇宙，也就是两个卷曲的膜在虚空中游荡，如果它们剧烈相撞，就会产生巨大能量，两个膜就可能脱落下来一部分，形成新的宇宙。如果是这样，所谓宇宙大爆炸就是两个膜撞击，两个不同宇宙的碰撞产生了新的宇宙。

这个回答，我的感觉是有点不接地气，这膜宇宙就玄乎得很，还碰撞！虚空这么广阔，两个膜非要撞一撞？难道是虚空太寂寞？

再看回答2：大家还记得白洞吧，就是黑洞的反演——只出不进。关于黑洞倒是发现了很多间接证据，但关于白洞的证据非常少，而且它啥也不吃、一天到晚只喷饭的这个性质，也确实让人费解。

白洞如果存在于我们的宇宙，应该是很容易被发现的，因为它很亮，成天到处胡乱喷电磁波，但我们咋就发现不了呢？我们再仔细想一想这个问题，挖掘一下白洞本身。

白洞与黑洞一样，它的中央也是一个致密的奇点，它是宇宙中的喷射源，喷射出各种物质和能量。讲到这里，大家是不是有这样的感觉——白洞和宇宙大爆炸的那个奇点不就是一回事吗？所以白洞喷发就是宇宙大爆炸，在我们的宇宙为什么不能发现白洞？因为它已经在137亿年前喷发过了，我们现在的宇宙就是一个白洞喷发出来的成果。

白洞喷发出来的物质是从哪里来的？我们前面说过，是黑洞给它输送的，黑洞与白洞之间有一个管道，就是虫洞，黑洞吞噬下各种物质经过虫洞输送给白洞，然后白洞负责喷发。

这样的话，黑洞和白洞就会成对出现，黑洞负责在我们的宇宙中吞噬各种营养，而白洞在另一侧喷出另外一个宇宙。太壮观了，太神奇了，我觉得我语言太贫乏，不知道怎么去形容，科幻小说哪里能和现代物理相媲美？我估计很多读者在如此恢弘喷薄的黑白双洞的震撼下，一时还没有回过神来。黑白双洞，一个负责吃，一个负责生，一个在母宇宙大吃特吃，另一个创造了婴儿宇宙，它们之间的脐带就是虫洞，就是爱因斯坦－罗森桥。太伟大了！我有点被感动了，我被宇宙震撼了，黑白双洞，你们的风采是否依然黑白？

估计有的读者很冷静，或许在想，黑白双洞这样玩下去，不就是把我们的宇宙全吃光，去缔造另一个宇宙吗？是的，的确如此。而我们自己的宇宙，不正是有一个巨大的黑洞吞噬了我们的父宇宙——父亲一般的宇宙，然后把吞噬了的物质传递给了白洞，白洞的喷发才造就了我们吗？

现在，我们的宇宙不得不面对我们的父宇宙同样的问题——迟早要被黑洞吃光。到时候，我们的文明如何维持？只能前往另一个宇宙。怎么去？穿越虫洞。

虫洞不是那么好穿越的。首先我们要敢于进入黑洞，然后找到这个虫洞。虫洞有一个特点——一旦遇到正能量的物质就会自动关闭，所以要维持虫洞的开放，还必须携带大量负能量的物质。

对于负能量，我还是要解释一下，我是很严谨的。按照经典物理学的看法，能量最小就是零，真空中的能量就是零，哪有什么负能量。这是经典物理学的看法。以后大家凡是听到什么"经典物理学认为"，真实的意思就是"过去曾经错误地认为"。在量子力学看来，真空中时时刻刻都在成对地产生虚粒子，一个是正能量，另一个是负能量，它俩再一结合又啥都没了。所以说，真空里很热闹，啥叫空？空中不空啊，这要慢慢领悟，要不大师兄咋叫悟空呢？

回到刚才的话题。要想顺利穿越虫洞，我们必须携带大量负能量物质，以防止虫洞关闭，但是到哪里去找这么多负能量物质呢？这是个大问题。但是如果一个人，成天牢骚满腹，对地球、对太阳、对我们的宇宙不满，那他本身就是负能量，那就直接穿越虫洞，去寻找新的卷曲膜，去寻找平行宇宙。

听到这里，有些平时就关注平行宇宙的听众或许会说，你讲的平行宇宙怎么和我平时看的关于平行宇宙的说法一点儿都不一样呢？好，让我再次略作说明。

第六节　众妙之门

平行宇宙，本身就是一个大话题。上一节讲了与黑洞和超膜理论有关的平行宇宙，其实还有其他几种类型的平行宇宙。比如最煽情的是，在一个很遥远很遥远的地方，有另外一个宇宙，那里也有一个太阳系，也有一个地球，也有一个你，也有一个我，我在讲黑洞，你在看我讲黑洞。这个说法很吸引人，估计大家最感兴趣的就是这种平行宇宙。

但这种平行宇宙特别无聊，为什么这么说呢？因为它所基于的原理就是：宇宙是无限的，总有概率出现和我们一样的太阳系、地球和你我。就像地球人这么多，总有一个人长得和你特别像。纯粹从概率上找出的平行宇宙，和我们有什么关系呢？我和那个我，没一丁点儿关联。

其实最经典的平行宇宙理论是量子"多宇宙理论"，是由埃弗雷特提出的。他根据的是量子力学中这样一个神奇的结论：一个粒子可以同时拥有两个不同状态，可以同时出现在不同地点，这样一个粒子就可以创造两个同时存在的不同世界。将这个微观世界成立的现象推衍到宏观尺度，于是就构造出同时存在的两个平行宇宙。

这个平行宇宙得出的推论也很精彩：比如在另一个世界，拿破仑没有进攻沙俄，于是他将俄国以外的欧洲大陆统一了，欧洲现在是世界第一强国……对于这种平行宇宙，我很想讲，但前提是要对量子力学的知识做一定的铺垫，否则就成了浅层次的闲扯。等有机会再讲讲量子力学与平行宇宙，好好聊聊既死又活的薛定谔猫、颠倒众生的测不准原理。

这一章我们涉及的物理概念实在太多了，而且多是近现代物理中很前沿、很时髦的概念，采用的是由浅入深、步步为营的推进模式。从史瓦西黑洞，到霍金辐射；从时空弯曲，到引力场方程；从广义相对论到量子力学；从白洞到虫洞；从超弦到超膜，最后再到平行宇宙。如此宏大盛宴，即便一个饕餮猛兽，也难以骤然消受。所以我们有必要反刍一下，但绝不是简单地回顾和总结。而是换一种讲法，将前面的精彩点重演一遍。所以接下来，我们准备站在更高层次上，天马行空、信马由缰式地浏览一下刚才所经历过的种种玄幻美景。

黑洞是什么？浅显地说，它是一个高度致密的天体，见啥吃啥，深层次地说，它将构成物质的琴弦高度挤压在了一起，使得它们不能自由自在地运动。哪里有压迫，哪里就有反抗。这些被高度压迫的琴弦，在寻找自己能获得自由的通道，这个通道就是爱因斯坦-罗森桥，即虫洞，它通向白洞。在白洞的喷发中，这些在黑暗中长期受挤压的弦再次获得了自由，它们在另外一个虚空，形成了另一个宇宙。

但是，引力子的存在，总是有把大家聚集在一起的趋势。在另外一个宇宙，这些琴弦再次相聚，聚合成星云，聚合成恒星，接着不断演变，最后超新星爆炸，其中有的就再次内缩为黑洞。集中在黑洞里的超弦，不甘心于只有自己进来，它们会吞噬更多的物质，于是再一次开始了吞噬新宇宙的进程；而黑洞的另一侧，另一个白洞正在准备着喷射一个更新的宇宙。

这就是宇宙的繁殖方式，这也是宇宙的新陈代谢。天下没有不散的筵席，世上没有不消亡的宇宙。

即将消亡的宇宙为新生的宇宙提供了材料，新旧宇宙的脐带就是虫洞。这是黑洞与白洞之间的脐带，是宇宙生命的脐带，是爱因斯坦-罗森桥。

还有另外一种虫洞，它就存在于我们的宇宙，它无处不在。因为我们的空间是由不连续的微空间拼接而成的，在拼接点就会有缝隙，打开这个缝隙就是虫洞。为何虫洞是我们到达遥远星球的捷径？因为我们的宇宙是一张薄膜，而且还是高度卷曲的薄膜，我们现在只能沿着薄膜表面走，星球就很远，如果能在薄膜上凿出一个虫洞，那就"天涯若比邻"，星际旅行如串门。

我们怎么利用虫洞到达另一个平行宇宙呢？首先要找到一个我们宇宙的黑洞，离地球最近的黑洞也有几万光年，所以必须要通过虫洞穿越；到达黑洞后，不要想太多，直接进去，努力发现黑洞中的虫洞，然后抱紧负能量或者自己痛诉社会，于是就会安然通过虫洞，到达一个白光闪闪的地方，在你还没有反应过来的时候，你就被喷了出去。喷你的是白洞，它把你喷到了另一个宇宙。

　　你还想回来？那不太容易。原路返回？那是绝对不可能的，因为白洞只负责向外喷，你想返回去，绝不可能，即便你浑身是胆，即便你就是负能量。不过你别急，也有一个办法。因为我们的宇宙和平行宇宙还有一个连接方式，就是我们的黑洞也与那个宇宙的黑洞连接，所以你在平行宇宙，找到一个合适的黑洞，就可以返回我们的宇宙。但如果你找错了黑洞，进错了门，你就又会被喷出去，进入又一个平行宇宙，那你就彻底变成宇宙孤独者了。

　　有人会说，你讲了星际旅行，也讲了平行宇宙之间的旅行，那都是空间旅行，我想进行时间旅行，旅行到过去，或旅行到未来，有没有办法？有，这里给大家唠叨两句。

　　前面讲到，超弦理论认为，空间是不连续的，其实时间也是不连续的。我想有人猜到了，时空一体，就像你我一体，我都不连续了，你怎么连续？也就是说，时间也是由不可分割的小单元构成的，是由一小段一小段拼接的，所以就会有缝隙，就可以打开一个时间虫洞。超膜理论告诉我们，我们的宇宙是一张大大的薄膜，极度卷曲在十一维的时空中。既然整个膜是卷曲的，那卷曲的就不只是空间，还有时间。而且时间和空间又是一个整体，是一起卷曲的，所以每一个虫洞都是通向不同时空的捷径，根本就没有纯空间的虫洞，也没有纯时间的虫洞，只有时空虫洞；穿越虫洞，就是穿越了时空。你腾挪了空间，也就玩转了时间，过去、未来，虫洞一瞬间。

　　甚至有这样的可能，你在地球上进入了一个这样的虫洞，它穿来穿去，又穿了回来，就如同一个虫子啃苹果，在苹果上吃了一个洞，从这个洞又绕了回来。如果真是这样，你穿越了虫洞，又回到了自己的家乡，不管是过去的家乡还是未来的家乡，你会困惑，这到底是你的家乡，还是平行宇宙中的一个一模一样的复制品呢？或许，你还在过去的家乡遇到儿童时的你，你认识他，他却不认识你，这真是"虫洞离家虫洞归，儿童相见不相识；借问黑洞何处有，迎面走来史瓦西"。

第五章

牛顿时空观和引力观的兴衰

Chapter
five

本章聊一聊牛顿的思想，具体来说就是牛顿的时空观和引力观。只有站在这位巨人的肩上，我们才有可能感受到相对论的精神，一睹引力波的风采。

说起牛顿的三大定律和万有引力定律，谁人不知，何人不晓？我们在中学就学过，而且做了很多练习。但是必须要说，中学课本上只是讲了牛顿理论在技术层面的东西，而忽略了其哲学基础和隐含假设。正因如此，笔者在上中学时，一直对物理感到晕晕乎乎，始终感觉没有把握住，老有许多问题想问。为什么中学不完整展现牛顿精神呢？因为那确实有点抽象，不过比起爱因斯坦的时空观，还是简单得多，所以我们都应该很有信心地把握牛顿的精神，无论其时空观还是引力观。

第一节　经典时空观及其挑战

我们先谈牛顿的时空观。

所谓时空观，就是对时间和空间物理性质的认识。我们平时生活中谈事情必须要依托于时间、地点，比如某甲说："我昨晚十点在家看电视。"这样大家就会有一个明晰的信息。但到底什么是时间，什么是空间，二者的关系又如何，这种最基本的问题真不是一般人所能回答的，要给出纯粹的定义那更是不可能的。

但牛顿不是一般人，所以他就明确地给出了自己的时空观：第一，时间是独立存在的，均匀地流逝，没有起点，也没有终点，也就是说时间是绝对的，这很好理解；第二，空间是独立存在的，不依赖于任何物体，即便宇宙万物都消失了，空间依然存在，也就是说空间也是绝对的，这也很好理解；最后，时间与空间互不影响，这就更好理解了。北京和纽约这两个不同空间的时间还能不一样？分别在地面和飞机上的手表走时还能不一样？这就是牛顿的绝对时空观。说形象点，在牛顿看来，时空就好比是一个大舞台，宇宙万物就是在舞台上表演的演员，给你这个舞台，演员得以在其上表演，但你的表演影响不了这个舞台；你们都不来表演，我这个舞台依然存在，空间和时间不会因为宇宙万物的运行和生灭而发生任何改变，空间和时间之间也是井水不犯河水，各管各的事。这就是绝对时空观。

牛顿理论为什么好理解，正因为他的绝对时空观符合我们的常识；但常识不是科学，这一点牛顿很懂，所以他也想通过实验来证明自己的时空观。但绝对时间很难下手，牛顿也是柿子先捡软的捏，先证明一下绝对空

127

间的存在。

思路是这样的：我们都知道运动是相对的，若坐在平稳飞行的飞机上，就会觉得飞机没动，但地面上的人会觉得这架飞机飞过去了；也就是说飞机相对于地面在飞动，但相对于飞机内的乘客，它就没动，这就是运动的相对性。我们经常会说：他坐在那里一动不动。这话也对也不对。相对于他坐的椅子，也就是以椅子为参照物，他是没动；但是若以太阳为参照物，那会如何？太阳黑子会觉得他动得很猛，因为地球在绕着太阳公转，还在自转，他咋能一动没动呢？此所谓"坐地日行八万里"的道理。总之，运动是相对的，你要说谁动了还是没动，一定要有一个参照物。

但是，若果然有绝对空间的存在，就会有相对于绝对空间的运动，这种运动就可以叫绝对运动。若能证明某个运动是绝对运动，也就是说这个运动不依赖于任何参照物，那不反过来就证明有绝对空间的存在了吗？

于是，牛顿设计了一个很朴实的实验，史称"水桶实验"。先找一个木桶，然后倒上半桶水，把桶放稳当，此时桶里的水面是平平的，然后突然让水桶顺时针旋转起来，水桶刚一旋转的时候，桶内的水没有反应过来，并没有跟着一起旋转，所以水面还是平面的。桶转了一段时间后，水反应过来了，你转我也要转。当然这是在拟人化，其物理原因就是桶内壁的摩擦力开始带动水一起旋转，于是水面就逐渐形成了凹陷，而且越来越凹陷下去，直到水与桶的转速一致。一旦水与桶的转速一致，水与桶之间就相对静止了，水相对于地面在转动，但是相对于桶，水是不转的。而此时的水面也形成了稳定的凹面。

估计有人听得不耐烦，会说这些都是生活常识啊，有什么意义呢？还是让牛顿回答你：这就说明绝对空间是存在的。牛顿是这样解释的：水桶刚开始顺时针旋转时，水没反应过来，但此时的水相对于桶壁已经开始逆时针旋转了。为何水面还是平的呢？牛顿说：因为此时的水相对于绝对空间是静止的。等水转了起来，逐渐形成了凹面，与旋转的桶壁达到相对静止后，水面还是凹面，这怎么理解呢？水已经相对静止了，为何还要凹面呢？牛顿又说，这说明水相对于绝对空间是运动的。

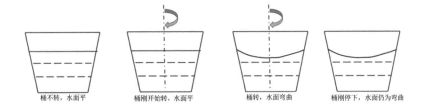

桶不转，水面平　　　桶刚开始转，水面平　　　桶转，水面弯曲　　　桶刚停下，水面仍为弯曲

5-1 水桶实验

简而言之，牛顿是这样认为的：即使在水与桶没有相对运动的情况下，我们也可以判断出水究竟有没有相对绝对空间在转动。依据就是：若水面平坦，则无绝对运动；若水面呈凹形，则有绝对的转动。所以说，绝对空间是存在的。

大家瞧瞧，就这么一个破水桶旋转，牛顿在脑子里就能转出一个绝对空间来，斯人已逝，牛气犹在，不得不服啊。

但西方学术领域的风气是：谁厉害就攻击谁，而且尽量攻击对方的死穴，扳不倒也要弄出点心理阴影。牛顿活着的时候，虽然有不少人跃跃欲试，但也没有扳倒牛顿对水桶的解读。直到他去世一百多年后，才出现了一个人物，名曰马赫，开始挑战了。这人名字一听就不是善茬，你叫牛顿，我叫马赫，赫赫有名的马。

这马赫一上来就批判牛顿对水桶的解释。马赫说：水桶实验并不能说明水桶是否相对于绝对空间在转动，而是反映水桶相对于整个宇宙天体是否在转动。看看，马赫一出手，就打在了牛顿的软肋上。马赫的意思是这样的：水面变凹，并不是由于绝对转动引起的，而是由于宇宙间各种物质对桶里的水的作用结果。无论是水相对于宇宙间物质在转动，还是宇宙间物质相对于水在转动，二者间结果一定是一样的，因为水面都会变凹。所以，水面变凹只能证明水与宇宙其他物质之间有相对转动。

估计有的读者有些懵，这"牛马之争"到底谁正确呢？心里没有了主意。但我们隐隐感觉马赫的思维高度是宇宙级的，他是从全宇宙的角度来看一个破水桶，得出了很不一般的解读。这个解读深深地影响了一个人物，就是预言引力波的那个人，所以我们就在这里打住，后续章节我们还要麻烦"马老"出来走两步。

我们现在把话题转移到运动的相对性上来。刚才已经介绍了飞机的例子，也就是空中的飞机相对于地面观测者是运动的，但对于飞机内的乘客是静止的。运动的相对性必然导致速度也具有相对性。比如在高速公路上开车，已经开到时速100千米了但你感觉并不快，而在市中心若是开到时速70千米，自己就觉得很疯狂，为什么？就是因为参照点不同。在市中心，开车人的参照点是路上的行人和其他车辆，大家都很慢，你开70千米/小时就感觉很快；在高速上，路上没人，视野开阔，最近的参照点就是前方的车辆，大家都开100千米/小时左右，你开100千米/小时就感觉没怎么动，只是看着远方建筑物向后走去，才觉得有点速度。

我们不能老是定性地认为，物理学是个定量的科学，所以我举一个定量的例子。一辆公交车以时速50千米在运动，意思就是它相对于路面的时速是50千米/小时，它相对于旁边的骑自行车的人是多大速度呢？恐怕就不是50千米/小时了吧，具体多少取决于自行车的速率和方向。

若自行车以时速10千米顺着公交车方向前行，骑车人就觉得公交车的时速是50千米/小时－10千米/小时等于40千米/小时；若逆着公交车方向，骑车人就觉得公交时速是50千米/小时加上10千米/小时等于60千米/小时。这个例子很简单，但它体现了牛顿的速度合成原理，而且也很符合常识。即便没听说过速度合成原理的人，也会不由自主地去运用它。比如，运动员投掷标枪时为何要助跑，不就是想把助跑速度添加到标枪出手的速度上去吗？说得"牛顿"一点就是：标枪相对于地面的速度，等于助跑速度加上标枪相对于运动员的速度。

就是这样一个非常自然而然、极其朴素的速度合成原理，其中竟然隐含了绝对时空观，这是很多人意想不到的。

现在大家再想一想，如果我们把刚才运动员投出的标枪换成一束光，又会如何？想象一下，你在黑暗的旷野中拿着一个手电筒指向远方，然后打开按钮，一束光以30万千米/秒的速度向黑暗中奔去；而此时的你，为了让光速更快一些，你会不会事先来一段助跑？估计很多人笑了，有些人是在笑这个问题，估计也有人笑作者：我们这双腿的速度与光速相比简直可以忽略不计，根本无法测量影响。你说得很对，如果在较短的距离来接受光信号，确实感受不到拿手电筒者是否助跑了，但如果距离很远很远，以光年为单位，情况是否会有所不同呢？

在宇宙万物中，光是一个非常奇妙的东西，它为普通百姓驱走了黑暗，却将一代又一代物理学家送入黑暗的迷宫。那么在迷宫的出口，等待物理学家的是什么呢？

广袤宇宙的天体之间，距离非常大，其间所传递的信号，即便初始速度稍有差异，对于接受方来说，也会感受到巨大的时间差异。但应该的事并非是一定会发生的事。

中国的史籍中明确记载了一次超新星爆炸。那是在1054年，宋仁宗至和元年五月。当然宋人并不懂这叫超新星爆炸，但我们都懂，就是大个头的恒星在年老走向灭亡时，会回光返照，突然爆发，其亮度竟然可以和一个星系相媲美。据记载，在超新星爆炸的前二十三天中这颗超新星非常亮，甚至白天都能看到，随后逐渐变暗，亮光一共持续了二十二个月。

这里就有问题了，宋人观察到这个超新星爆炸，就是他们看到了超新星爆炸时所放出的光，有啥问题呢？大家想想，超新星一爆炸，其外围物质向四面八方飞散，这些向各个方向奔散的物质都在发光，这些光会陆陆续续到达地球，对吧？想象一个特殊方向，就是直接指向地球方向的爆炸物，它所发出的光相对于地球应该是什么速度？按照刚才的运动相对性原理，应该是光速加上爆炸物速度。假定爆炸物速度大约1500千米/秒，也就是说，宋人应该感受到最先到达开封的超新星爆炸光速是30万千米/秒加上1500千米/秒。估计有人不以为然了，你说这些有啥用啊，难道宋人能测量光速以及光速的变化吗？宋人能造火药，的确测不了光速。但是，我们再想一个特殊方向，超新星爆炸时，还有向地球相反方向奔逃的物质，而这些物质所发的光相对于地球的速度就应该是：30万千米/秒减去1500千米/秒，对吧？于是对于地球来说，这两个相反方向物质所发出的光的速度就应该有个差值，就是3000千米/秒。3000千米/秒的差值表面上不大，但是，这个超新星距离地球是5000光年，所以二者到达地球的时间就应该有一个非常明显的先后顺序。经过计算得知，大约是相差五十年到达地球，再加上奔向其他方向的物质所发的光，宋人应该在五十年内都能看到这个超新星爆炸，而不是只持续二十二个月。

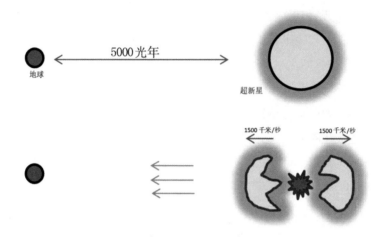

5000 光年

地球

超新星

1500 千米/秒　　　1500 千米/秒

5-2 若光速可变，那么地球观测到的就不止持续22个月

　　怎么解释宋人的记载呢？总不能说司天监与天文院的公务员都罢工了吧。似乎只能解释为，这个超新星爆炸发出的光与其光源的速度好像没有关系，各个奔向不同方向的光，还是以相对地球同样的速度奔向地球的。如此一来，运动的相对性不就完蛋了吗？光速不就成绝对的了吗？牛顿该怎么办，难道牛顿体系就此崩塌？

　　这里就不得不交代光本身是什么。我们中学都学过，牛顿认为光是微小粒子，所以一束光就是由很多微小的颗粒组成的，这能很好地解释反射和折射。但是光同时具有衍射和干涉作用，于是惠更斯等人主张光是一种波，就是"光的波动说"。双方争论到死也没分出胜负。

　　牛顿当时还对"波动说"不高兴，竟然挑战我牛顿！但正是"波动说"可以解释光速与光源速度无关的事实。什么意思？大家想一想，如果光的确是微粒，那光源在运动，微粒的速度应该叠加改变。但如果光是波的话，情况就完全不一样了。我是波，传播速度和光源没关系。君不见船在海面上行驶，会不断激起海波，这个海波向外传播时和船速就没有关系。

这里必须要讲讲什么是波。我们平时说的机械波就是真正的波，比如石头打到湖面，就产生了圆形的小波浪向外传播。但大家一定要清楚，中央的水并没有向外扩散，只是每一滴水作为质点在原地做上下振动，从而带动旁边的质点也跟着上下振动，不断把这个振动带向远处。又比如说话发出的声波，声带先引起附近的空气质点左右振动，左右振动的质点又令旁边的质点振动，这样声音就带向远处了，但嘴里的那口空气并没有一起走。

这样说来，波的传播就需要媒介物，水、空气之类。你若在真空中发声，没人能听见，因为没有空气作为介质来为你的声音振动、传播。

马上会有人提问：海波以海水为介质，向外传播，声波以空气为介质，向外传播。光在宇宙真空中传播，难道是不需要介质吗？这就是光的波动说的困境。如果光是微粒，那它在真空中无所阻碍，传播得才痛快呢，但如果光是波，在真空中无所依靠，无介质可振动，宋人怎么可能看见超新星爆炸呢？

大家想想，这会不会把物理学家难住了？这点碎碎的事情对物理学家来说就是五个字：那都不是事。他们反过来说，既然光波可以从真空中传过来，说明真空不空，有一种叫"以太"的物质充满整个宇宙，我们看不见、摸不着，它不产生任何阻力，专门就给光波当介质。这不一下子就解决了吗？物理学家牛啊。

但物理学毕竟是科学，科学的一个基本要求就是引入的任何物理量都要可以被观测，至少能被间接观测，否则不就成哲学、玄学或信仰了吗？况且这个假设的以太非常玄，它无处不在，充满宇宙，渗透在各种物质之中，完全透明，与任何物质都不发生作用，而且本身绝对静止。所以很难让人相信，世上有这么"妖"的东西存在。

但也有人觉得，绝对静止的以太不正好可以对应牛顿的绝对空间吗？于是，有实验物理学家立志要找到这个绝对静止的以太，彻底确立牛顿的绝对时空观，让牛顿的大厦建立在坚实的基础之上。

正是怀揣着这样的理想，迈克尔逊和莫雷设计了一个实验，决定验证以太假说，为以太找到存在的证据。但好心没干好事儿啊，直接把牛顿坑了。

这事发生在1887年，迈克尔逊和莫雷是这样想的：既然以太是绝对静止的，地球在自转，所以地球在绝对静止的以太中就在做绝对运动。那么地球上的观测者以一定速度相对于以太运动时，光波虽然在以太中速度一样，但相对于地球观测者就应该展现出一个不同的速度，用不同方向的光速差，反过来就可以推算出地球相对于以太的运动速度，从而证明以太的存在。

如果没太看懂，也别太介意，把握精神就行，就是用不同方向的光速差来反推以太相对于地球的速度。估计也有人觉得，这个道理太简单了，我要在那个时代也会这样想。这样想固然不难，但如何实现是非常困难的，迈克尔逊、莫雷主要是厉害在其实验的设计，而不是其实验的思想。

具体的实验设计我就不讲了，反正结果是没有发现地球相对以太的运动，仿佛地球和以太之间是相对静止的。

刚开始很多人不信，于是反复做这个实验，结果都一样。怎么解释这个实验结果？只有两条出路：

一是地球相对于以太的速度总会为零，以太会被拖曳。有人说那就让以太被地球拖曳呗，反正为了维护牛顿，咱就往上凑，拼了。让以太与地球一起动，但刚才交代了以太是绝对静止的，怎么调和？再拼一把，其实地球和以太同时都是绝对静止的，这不就得了。但这样很可怕，大家想想，地球自转的同时还在绕太阳公转，也就是说地球与全宇宙的其他星体都有相对运动，如果认为地球与以太同时绝对静止，就意味着全宇宙都在动，只有地球不动，那地球不就成了宇宙中心了吗？这样绕来绕去又返回到亚里士多德-托勒密的地心说了，这让哥白尼、布鲁诺情何以堪？这是绝对不能接受的。

还有一个解释就是，根本就没有以太。但若没有以太，光波何以传播呢？那就说明光不是波，就是牛顿所说的粒子。如果是粒子，为啥光的速度与光源的速度无关呢？为啥宋人看到的超新星爆炸维持那么短的时间？这把人逼疯了。

正当物理学家们愁云不展、走投无路之时，小青年爱因斯坦突然喊了一声"光速不变"，小爱的大胆也是基于洛伦兹变换原理。关于光速不变原理，在"黑洞与平行宇宙"的那一章讲过。坦率地说，这是不可理解的，不可理喻的。但为了让大家找回点儿感觉，这里再讲一遍。

所谓光速不变就是说，无论在任何惯性参照系下观测光的速度，它的数值都是一样的，每秒约30万千米。

各位，这是不可想象的。还是举那个例子，假设有一辆公交车在马路上匀速前进，时速50千米；某甲站在大街观测这个公交车，测得其时速是50千米；某乙骑着自行车与公交车同方向前进，自行车的时速是40千米，现在的问题是：某乙觉得公共汽车的速度是多少？50千米/小时减去40千米/小时，也就是说某乙感到汽车的时速是10千米。这就是刚才讲的速度合成。

但是，如果我们把刚才的公交车换成光的话，诡异的事情就出现了。大家都知道光速是每秒30万千米。路人甲测得光速是30万千米/秒，骑自行车的某乙如果与光同行的话，他应该觉得光速变慢了。但实际上，某乙感受的光速还是30万千米/秒。这是不可想象的啊，各位朋友，难道你的内心没有一点颤抖，你的血液没有荡起一点涟漪吗？

或许有人会说，是不是自行车速度太慢，所以感觉不出变化？我可以很负责任地告诉你，这个某乙就是把自行车骑到了每秒10万千米，他观测到的光速还是30万千米/秒。也就是说，不管选择什么惯性参照系，光的速度都是30万千米/秒。此时一定会有人说，如果我把自行车也骑到光的速度，也是每秒30万千米，那我看光是啥速度？遗憾的是，人不可能到达那个速度，凡是有静止质量的粒子都不可能达到光速，只有静止质量为零的粒子才能以光速行进。对此，这里不做展开。

但我们在此可以强行理解一下，要使得光速不变成立，必须要怎样才行。

还是回到某甲和某乙的例子。一辆公交车在马路上匀速前进，时速50千米；某甲站在大街上观测这个汽车，测得其时速是50千米，某乙骑着自行车，与汽车同方向前进，自行车的时速是40千米，所以某乙觉得公交车的速度是10千米。那我现在要反问大家，为什么某乙感觉的车速比某甲感受的要慢？我们追究一下什么叫速度，速度就是走过的距离除以所用的时间，当然我们考虑的都是匀速运动。某甲和某乙同时观察这辆汽车，而且也观察了同样的时间，所以对甲乙来说，作为分母的时间值是一样的，没有区别，但对于汽车走过距离的感受就很不一样。当大街上的某甲觉得公交车走了好长一段距离时，某乙并不觉得如此，因为他也在向前骑，觉得公交车没走多远距离。因为每个人的感受都是以自己为中心的，这样某乙所感受的公交车速度自然就显得慢。

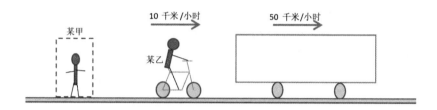

5-3 以甲为参考系来看，公交车时速50千米

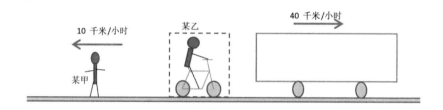

5-4 以乙为参考系来看，公交车时速40千米

这很好理解，但是，估计有人已经猜到了，现在我又要把公交车换成一束光。现在大家都知道，路边的某甲和自行车上的某乙感觉光速都是30万千米/秒，一丝一毫都不差，怎么理解？只能有一个解释，大家想想。

速度等于走过的距离除以所用的时间，这束光对某甲参照系和某乙参照系来说走过的距离不一样，但最后速度却一样，都是30万千米/秒，只能有一个解释，各位读者，你们胆子再大一些，再"二"一点。若有两个分数，分子不一样，但分数值一样，那只有一种可能，就是两者的分母也不一样。

5-5 将公交车换成光，无论以哪个参考系去看，都是一样的速度

分母是什么？分母是某甲和某乙观察公交车所用的时间，可我们刚才说了，某甲和某乙在同时观察这辆汽车，而且也观察了同等的时间，分母怎么能不一样呢？但它必须不一样，否则就解释不了光速不变，解释不了为何某甲和某乙对同一束光感受到完全一样的速度，解释不了迈克尔逊-莫雷实验。所以我们必须痛下决心，被迫接受这样的新观念：某甲和某乙所用的时间系统是不一样的，也就是说二者的手表出现差异了。虽然他俩用的是完全一样的手表或极度精密的铯原子钟。

有人肯定会问，到底谁的表变慢了呢？在甲、乙自己看来，自己的表都好好的，但都看对方的表变慢了。这就意味着，处于两个不同参照系的观测者，或者说处于不同空间的观测者，观测自己的时间与观测对方的时间是不一样的，地面上的人会觉得飞机上人的表慢了，这就意味着时间和空间已经不再互相独立，它俩会相互影响、相互耦合。

我们最后要下结论了，为了解释迈克尔逊-莫雷实验，为了解读宋仁宗时的超新星爆炸，洛伦兹不惜拼凑数学变换，爱因斯坦明确喊出光速不变，这导致牛顿体系中绝对的、均匀流逝的时间观念崩塌了，也导致空间与时间互不影响的理念崩塌了。

这样，牛顿的绝对时空观就寿终正寝了。

第二节　经典引力观：惯性质量与引力质量

要了解引力波，首先要知晓什么是引力；要了解引力，又先要明白什么是力。

亚里士多德认为运动的原因是力，就是力让物体开始运动，而且还决定了物体运动的速度。听着蛮有道理，你看那板车，你不用力拉它会走吗？要想走得快，岂不要使更大的力气？骆驼祥子对此感受一定很深。

多年以后，有个叫伽利略的人说："老亚，恐怕不对吧；你看那行进中的板车，你突然撒手，它也会继续运动的。此时板车并不受力啊，说明物体有保持自己原有运动状态的属性，是所谓'动者恒动、静者恒静'"。这就推翻了亚里士多德的观点。

这么多年来，大家肯定有一种感觉，亚里士多德留下那么多理论就是用来被推翻的，反正他说的啥都不对。谁让他太牛，几乎对所有自然现象和社会现象都发表过自己的见解，他即便不是古希腊第一牛，也至少是榜眼或探花。其实牛人只扮演两种角色，一是让后人膜拜，二是让后人推翻或超越。

1642年，推翻亚里士多德的伽利略去世了，次年一个更牛的人横空出世了，不是别人，正是伊萨克·牛顿。

牛顿认为：力的作用不决定运动的速度，而是改变物体的运动速度。为了描写速度的变化率，牛顿首次引进了加速度的概念。牛顿第二定律正是这样说的：对物体的作用力正比于该物体的加速度。大家都知道，正比关系总要有个比例系数，这个系数就是质量。所以牛顿第二定律的数学形式就是 $F=ma$，其中 F 是力，m 是质量，a 是加速度。

不知大家在中学时代的老师是怎么讲质量的，反正我上中学那会儿，课本上是这样定义质量的：物体所含物质的多少。我当时就懵了，这语言看似简单，其实无法理解啊。比如质量是30克，什么叫含了30克的物质？用秤称一下，和重量又有什么本质区别呢？当然我现在明白，课本不想纠缠这个很深的概念。但现在要了解牛顿的精神，明白什么是引力，就不得不把质量的概念交代清楚。

　　牛顿刚才说了：对物体的作用力正比于该物体所获得的加速度，而比例系数就是质量 m，也就是 F=ma。原来质量也就是个比例系数，并非物体所含物质的多少。这个比例系数的大小说明了什么？我们把 F=ma 改写为 a=F/m，这个算式告诉我们，一旦外力F大小给定，分母 m 越大，则加速度 a 的数值越小。换句话说，质量越大的物体，你越难以改变它目前的状态，因为它惯性特别大，或者说质量大的东西就是特别懒的东西，让它动弹一下不容易。这样我们就明白了，质量是衡量物质惯性大小的一个物理量，但惰性听起来不太好听，于是就翻译成了惯性，质量 m 越大，惯性越大，就越能阻碍外力对它的加速，我们把这种质量称为惯性质量。

　　简而言之，惯性质量就是阻止外力对物体进行加速的物理量，就是外力与加速度之间的比例系数。

　　有人会纳闷，质量就质量，为什么非要说成惯性质量？那是因为还有另一种质量，由万有引力定律所规定的质量，我们称之为引力质量。

　　说到引力，那还要从亚里士多德说起，老亚确实了不起，总是给今人当靶子用。古希腊人已经感觉到，地球在吸引着地面附近的所有物体，使各种物体落向地球。亚里士多德根据他的观察得出了一个很直白的结论：越重的东西下落得越快，越轻的越慢。

　　后来的事大家都知道，又是那个伽利略，据说他在比萨斜塔上做了个实验，将两个不同重量的铁球同时扔下，结果两个铁球同时落地，亚老先生的论断再次崩盘。

　　不过顺便说一下，据专家考证，伽利略从未在斜塔上扔过什么铁球，而是在光滑斜面上做滑动木块的实验，从而得出的结果。

　　伽利略虽然发现了不同重量的物体会同时落地的自然现象，但并不能解释为什么。读者一定要牢记，科学就是要解释自然现象的内在机制，而不是停留在对自然现象的描绘上。对物理学家来说，还不能只停留在定性的解释上，各种因素要定量解读，多大、多小，这样数学对于自然科学的研究就很重要。

当然，伽利略后来去世了，但是牛顿诞生了。英国诗人蒲柏有诗云："大自然和它的规律深藏在黑夜里/上帝说，让牛顿出世吧！/于是一切就都在光明之中。"有人说，这诗是不是吹捧得过分了？我觉得没有，牛顿绝对受得起这份褒扬。大家想一想，他竟然能将苹果落地与月球绕地球转这两个完全不相干的自然现象，统一在万有引力定律中，这简直就是神，男神，一生未婚的男神。

牛顿认为：宇宙万物之间都有吸引力。比如苹果和地球之间互相吸引，地球对苹果有多大引力，苹果就对地球有多大引力，作用力等于反作用力。牛顿这个想法真是太跳跃了，估计刚开始很多人骂他：你个碎碎念的牛顿，你吸引地球的力量难道和地球吸引你的力量一样大？你疯了吗？

但后来大家为啥开始疯狂膜拜牛顿？因为牛顿给出了引力公式，谁不信就去算一算。我们现在来介绍这个公式，大家中学都学过：

$$F = \frac{GM_1M_2}{R^2}$$

F当然是两个物体之间所产生的引力，M_1是物体一的质量，M_2是物体二的质量，分母上的R是两个物体之间的距离。而G是一个常数，万有引力常数。也就是说：两个物体之间的吸引力与两者的质量成正比，而与两者的距离平方成反比。换句话说，质量越大，吸引力越大；距离越远，吸引力越小。

但是要注意，在万有引力公式中的质量M_1和M_2，与牛顿第二定律的F=ma中的惯性质量m完全不是一回事。刚才我们说了，惯性质量体现了物体的惰性，是衡量阻止外力对其加速的能力，惯性质量越大，外力想要改变原有状态越不容易。但万有引力公式中的质量是用来产生吸引力的，而且质量越大，产生的引力就越大，这和刚才的惯性质量完全不一样。所以说，此质量非彼质量，必须要区分开。于是我们将万有引力公式中的质量称为引力质量。

我总结一下：所谓惯性质量是指物体阻止外力发生作用的能力，而引力质量是物体自己能够产生多大引力的能力。这两个能力至少从表层看来是风马牛不相及的。

其实，这两个概念之所以区分起来这么费劲，完全是因为它们不应该都叫质量，干脆取两个不同的名字算了，比如一个叫惯量，另一个叫引量不就得了？物理学家为何要这样取名字呢？其中必有玄机。

我们现在用牛顿的公式来定量地解释伽利略的发现，为什么两个不同质量的铁球会同时落地。这在中学的课本上就有，我们一起来复习一下。

一个质量为小 m 的铁球从斜塔扔下，会受到地球的引力，其大小就为 $F=\frac{GMm}{r^2}$。M 是谁的质量？当然是地球的。再考虑地球对 m 的引力会给它带来多少加速度呢？根据牛顿第二定律得出，F=ma。至此我们得到了两个算式，一个是 $F=\frac{GMm}{r^2}$，另一个是 F=ma。

小球 m 受到的外力就是地球对它的万有引力，所以两个算式左侧的 F 是一个东西，这样二者的右侧可以相等了，右侧就可以对接起来了。这对接起来的算式是：

$$\frac{Gum}{r^2}=ma$$

两侧都有 m，于是就抵消掉了。于是加速度 $a=\frac{GM}{r^2}$

这意味着什么？意味着铁球 m 所获得的加速度与它自己的质量无关，因为算出的加速度公式中不再有 m 这一项了。

既然地球对铁球产生的加速度与铁球的质量无关，当然不同质量的铁球会同时落地，只要初速度一样。于是，牛顿用他的两个定律完美地解释了伽利略发现的现象。

以上所讲是对中学课本内容的复述，反正我上中学那会儿就是这样讲的。但刚才的推导过程中其实有一个严重的问题，不晓得大家注意到没有。

就是两侧都有 m，于是就消除掉了，这是有大问题的。刚才我们说，

$F=ma$ 中的 m 是惯性质量，而 $F=\frac{GMm}{r^2}$ 中的 m 是引力质量，根本不是一回事，凭啥能消掉？牛顿说：肯定可以消掉，因为只有消掉了才能解释不同质量的物体同时落地的现象。

逻辑比较强的同学马上就意识到了，这是在循环论证啊，问你为啥会同时落地，你说两边可以消掉；问你为啥可以消掉，因为同时落地。

牛顿那么聪明，当然知道这不合适，但这的确让他相信——惯性质量就等于引力质量。于是他开始做另外的实验，来检验他的想法。

这就是单摆实验，估计不少人高中都做过，就是用不同质量、不同材料的小球，在平衡位置附近做小幅振动，结果发现单摆的周期与小球的质量和材料无关，由此说明惯性质量确实等于引力质量。

不过这个实验还是太粗糙，只是在 10^{-3} 的精度内进行了证实。后来有个叫厄缶的人在1900年开始用扭摆做实验，一做就是二十五年，他一辈子主要就干了这一件事，但很有成绩，将精度提高到 10^{-8}。截至目前最高精度是 10^{-12}。也就是说，在误差 10^{-12} 范围之内，惯性质量确实等于引力质量。

肯定会有同学问，在更高精度上，惯性质量还会等于引力质量吗？这谁也回答不了，科学最终要由实验来准确回答。

但是，爱因斯坦同学彻底相信了惯性质量就等于引力质量，并从中得到一个重要启发，还由此引出了等效原理，基于这个原理构建了恢宏的广义相对论大厦，这正是我们下一章要进行讲解的。

但是现在，我们如何在直观上去理解引力质量与惯性质量正好相等呢？当地球以万有引力召唤铁球的引力质量时，为何铁球正好用相等的惯性质量回应了地球？我可以打一个比方，惰性越强说明了人家势大，内涵大，所以不会被轻易改变，正是这种内涵的东西，它吸引力也越大；相反惰性小，就是墙头草，随便小风一吹就乱摆动，这种东西也缺乏对外的吸引力。

就拿中日两国在近代史来对比吧。为何日本明治维新成功了，中国的戊戌变法失败了，史学家给出了各种各样的细节解释，光绪无能啦，康梁书生啦，那都是表象，其实是因为中国的惰性或惯性太大。日本船小好调头，中国这艘这么大的船，要掉个头何其难也。

但也正因为中国的惰性大，它在人类历史上产生的引力也更大。一个真正研究世界史的人，会用多少精力去研究日本史呢？相反，他能不好好看中国史吗？根据汤因比的分类，日本文明不过是中华文明的卫星文明。为啥成了中国的卫星，因为我们惰性大、惯性大，所以产生的引力就特别大，于是日本就成了中国的卫星，绕着中国转。

大家注意，我刚才是在打比方。严格说，打比方只是一种讲解的方式，让大家从感觉上能理解某个抽象的道理，并不能起到论证的作用。真正解决惯性质量和引力质量为何相等的是另一位大神。

牛顿虽然发现了万有引力，但没有告诉我们引力本身是什么，是如何产生的。而且他自己也坦承对此并不知晓。只有等到另一个大神的出现，人类对引力的本质才有了全新的认识，原来引力就不是一种力。

那是什么？

第三节　牛顿理论遇到瓶颈

至此大家有没有一种感觉，就是科学理论其实就是要往实验现象上凑。为了解释各种自然现象，大家就是各种拼凑。拼凑出一个理论解释现有的各种现象，不是一件非常牛的事儿，因为大家都可以牵强附会。比如你说苹果落地是因为万有引力，我可以说苹果落地是因为它对大地的爱；眼泪为何也会顺着脸颊往下流，那也是因为爱。按照这个思路，你也可以解释地球为何绕着太阳转，那是地球对太阳的爱，那地球为什么会自转呢？因为地球很自爱。

说这些不是纯粹开玩笑，就是想告诉大家，拼凑一个理论解释现有的自然现象，不是一件非常牛的事儿。

既然牛顿没有了解引力的本质，而且拼凑理论本身也不是最牛的，那什么是最牛的呢？就是所构建的理论不但能够解释已知的现象，还可以准确地预测未知的现象；而且如果能定量地预测，那就牛到牛顿了。

19世纪初，天文学家发现，天王星的运行不太对劲，甚至有些反常，用牛顿的理论无法解释。难道牛顿错了吗？有两个年轻人——勒维耶和亚当斯，坚信牛顿没错。但天王星为何反常呢？一定是有一个未发现的大星体干扰了天王星的轨道。于是他俩分别根据牛顿理论进行推算，算出了这个未知星体的轨道，也就是用牛顿理论定量地预言了一个星体的存在。天文台按照他俩的计算数据，果然在预测位置发现了一颗星体，这就是海王星。

那一刻，无论你是否认同牛顿的人品，是否认同他的思想，你不得不服，牛顿太牛了。这就是为什么牛顿成了人们膜拜的对象，确实很牛，牛人。

但是，牛顿并不是每一次都那么神。天文学家发现水星的轨道也有异常，具体来说就是水星进动。这里我需要提示一下，这在科学史中很重要，可以说是牛顿和爱因斯坦各自理论的"生死对决"之处。这里先讲讲啥叫"进动"。大家都知道，八大行星都是沿着椭圆轨道绕着太阳在转动。但严格来说并非如此，因为行星绕太阳转的同时，这个椭圆轨道的长轴也略有转动。为什么？因为行星不但受到太阳的引力，同时还受到其他行星对它的引力。

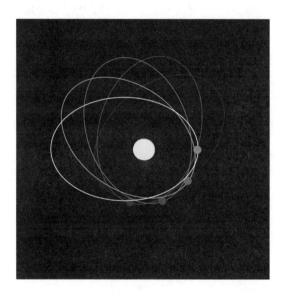

5-6 水星进动

简单来说，本来水星绕太阳做着完美的椭圆运动，但木星、金星、地球之流也用质量诱惑人家，搞得水星心猿意马，但又摆脱不了太阳，于是椭圆轨道不断发生偏离，形成了所谓"进动"的天文现象。说到这里，马上有人反应过来，地球是不是也会"进动"呢？当然，只不过"进动"程度非常小，而水星相对大，所以就被天文学家刻意关注了。

既然水星进动是由其他行星引力造成的，一切就都符合牛顿理论，还有什么异常可言呢？没有进动反而是异常的。是的，进动是必须的，但是水星进动的程度超过了牛顿理论的推算值。这不就异常了吗？难道牛顿错了？怎么可能呢？于是预言海王星的勒维耶又故伎重演，说在水星附近肯定有一个没发现的小行星，影响了水星的轨道。而且勒维耶又如法炮制地算出了这个小行星的轨道，让天文台去观测寻找，结果是啥都没看见。

　　这回牛顿是真的错了，牛顿不是神，他是一个伟人、一个巨人，但他也会犯错。用爱因斯坦的话说：他已经做到了那个时代最棒的程度了。

　　水星进动的真正解决，还要等到广义相对论的横空出世。在广义相对论中，时空不但是互相影响的，而且整个时空还是弯曲的。在这里，已经没有了引力，只有弯曲的时空。地球为何绕太阳转，不是因为爱，也不是因为万有引力，而是因为时空本来就是弯的，不这样绕着走就不行，而且这样走对地球来说也是最省劲的。大家有没有感觉到，一个大神又诞生了。他就是阿尔伯特·爱因斯坦，他在广义相对论中引入的弯曲时空震动了人类的智慧、挑战了人类的智商，而且这个弯曲时空并非是静态的，一旦宇宙中有风吹草动、星入黑洞，这个时空弯曲的程度就会发生变动。此变化犹如涟漪、好似清波，一波一波地向四周扩散，它就是传说中的引力波。

第六章

引力波与相对论

Chapter
six

第一节　引力子乎

　　2016年2月11日，LIGO（激光干涉引力波天文台）宣布探测到了引力波，一时全球轰动，可谓一石激起千层浪，引发世人纷纷围观，各种新闻报道接踵而至，各种解读分析也纷至沓来。在这一波热浪即将平息之时，仍有很多朋友对此意犹未尽，纷纷追问：引力波到底是什么东西？爱因斯坦凭什么预言了引力波？引力波与引力子又是什么关系？甚至还有人质问：LIGO凭什么判断它们探测到的信号就是引力波？即便就是引力波，是否说明广义相对论被完全证实？

　　其实LIGO在2015的9月14日就探测到了引力波，为何迟迟不公布，一直拖延到2016年呢？因为类似的乌龙事件在2014年出现过一次，当时美国BICEP2团队声称：他们在南极用射电望远镜发现了原初引力波，就是宇宙大爆炸所产生的引力波。一时举世震惊，但后来证实那不是引力波，而是银河系中尘埃所引起的扰动，搞得大家空欢喜一场。

　　银河系的尘埃就会影响探测结果，这说明引力波信号特别微弱，很小的扰动都会影响判断。形象点说，观测现场一个披萨饼落地，都会影响观测结果，甚至令人误以为是引力波来了。所以当LIGO刚获得信号时，虽然觉得是两个黑洞合并所产生的引力波，但没有急于公布，而是对信号进行仔细分析、反复比对，最终认定这真的是引力波，才敢于公布。

　　他们敢于认定这一点，靠的是两个探测器，它们相隔3000千米，几乎同时接受到了这个信号，而且两个信号的波形完全一致。可见这的确是来自宇宙的引力波，而不是有人摔披萨饼所造成的扰动。因为不可能有两个人分别在相距3000千米的两个探测器的附近，同时摔比萨饼，而且摔的都是12寸、蘑菇鸡肉的，连摔的角度都一样。这就是为什么要用两个不同地点的探测器，分别观测到类似的信号才有说服力。

或许还有朋友担心，会不会是有两个人串通好故意搞的恶作剧，同时在两个场子摔了一个披萨。不排除这个可能，并且他们一直都在搞恶作剧。此番引力波的发现是LIGO和VIRGO两方人员合作进行的，但用的是LIGO的探测器，因为它的探测器臂长更长。LIGO和VIRGO其实特别担心闹乌龙，这关乎到两个组织的声誉。为了避免这一点，他们专门成立了三人小组，专门负责恶搞，就是故意向探测器中注入类似引力波的信号，看看研究人员能否分出真假。结果在2010年9月16日，LIGO和VIRGO同时探测到一个信号，来自大犬座，这令研究人员大为兴奋。结果是论文写好待发，记者招待会也准备要开了，三人小组出来说，大犬的信号是他们释放的假信号。不知道那一刻研究人员是什么感觉，是不是想打人？原来大狗的信号是你们发的！

所以这一次测到信号后，他们特别谨慎，就怕又被自己人愚弄了，拖了许久才公布。

LIGO通过对这个信号的分析，认为这是13亿年前发生的一场宇宙级的黑社会火并重大事件，也就是两个黑洞合并了。13亿年前的事，为什么地球人现在才察觉？因为双黑洞系统距离地球13亿光年。

这两个黑洞，一个质量相当于二十九个太阳，一个质量相当于三十六个太阳，刚开始互相绕着对方转动，越转越近，最终就合并成了一个黑洞，相当于六十二个太阳。为什么会差三个？那三个变成能量释放了。多大的能量？$E=MC^2$，一个单位的质量可以变成光速平方倍的能量，光速是30万千米/秒，30万的平方是什么概念？而且现在是三个太阳质量的30万平方倍。这么大的能量是以什么方式释放的呢？就是通过引力波释放的，引力波把这些能量带走了。

什么是引力波？如果有人顾名思义，认为是波一般的引力，或者引力如同波一样传播，那就大错特错了。引力波的专业说法是：四维时空曲率的扰动以行进波的方式向外传递的一种方式，所以更应该叫曲率波。但这听着太专业了，我们还是听一个软和一点的，引力波就是时空弯曲的涟漪，通过波的形式从辐射源向外传播。这个听起来还有些感觉，时空弯曲的涟漪，好有诗意。

时空为何会弯曲？爱因斯坦在广义相对论中告诉我们，物体的质量会让时空弯曲，一旦物体发生运动或质量发生变化，时空的弯曲程度就会变化，形成涟漪一般的波，就会向外传播。举例来说就是：

在一个平静的湖面上放一个皮球，皮球之下的水面就是一个弧形，这就叫物体质量引起时空弯曲；但此时湖面仍然是平静的，并没有什么水波出现。我们在旁边再放一个皮球，只要不动它，仍然没有水波出现。但如果两个皮球在湖面互相绕着转动，湖面就会产生水波向外传播，诗人把这叫"阵阵涟漪"。如果我们把湖面视作时空的话，这个涟漪就是时空的涟漪——引力波。

大家想一想，两个质量超大的黑洞互相绕着对方转动，而且速度越来越快，最后合并在一起，这个过程将会令它周围的时空发生多么大的变化！时空的弯曲程度会随着两个黑洞的旋转与合并发生巨大扰动，形成时空涟漪向外传播，形成了高强度的引力波，总有一天会传播到地球。

引力波传到地球后，会在一个空间方向进行拉伸，在另一个方向挤压。拉伸和挤压是振荡的，波峰来时，上下拉伸、前后挤压；波谷来时，上下挤压、前后拉伸，如此反复。大家这么一看，似乎测量引力波也不需要什么太高的技术，不就看看某个物体是不是被变形吗？比如你在量身高时，突然发现你的身高忽高忽低，变高时身体变瘦、变矮时身体变胖，这就意味着引力波来了，就这么简单。如此说来，LIGO还有什么牛的呢？

是这样的，根据广义相对论，引力波在传播过程中是不断衰减的，也就是时空一弯一曲地从黑洞合并处向外传播，刚开始弯曲扰动得特别厉害，但传得越远对时空的扰动就越小。大家想想，合并的黑洞距离地球13亿光年，引力波到了这里就衰减得不像啥了，对地球物体产生的变形微乎其微。具体说来，这两个黑洞合并所产生的引力波传到地球，其所能造成的变形只有原物体大小的$\frac{1}{10^{21}}$，一方面意味着变形极其微小，令探测极为困难，另一方面，意味着越长越大的物体受到的影响要相对明显。

若你身高两米，引力波来袭后，对你身高的影响不及氢原子直径的500亿分之一。而LIGO探测器的臂长是4000米，引力波对其长度的影响也就是氢原子直径的2.5千万分之一。这还是太小。LIGO为什么不把探测器做得再长一些，做到400万米？如果那样，美国就破产了。

那么LIGO采用了什么方式，竟然可以探测到氢原子直径的2.5千万分之一的长度变化？这就是传说中的激光干涉仪。它是由两个互相垂直的干涉臂组成的，臂长均4000米，还是挺壮观的。工作原理是什么？就是干涉。

我们在中学时应该做过双缝干涉实验，不妨回忆一下。让一束单色光投射到一个有两条狭缝的挡板上，从两个狭缝中出来的两道光就会在后面的屏幕上产生明暗相间的条纹，这就是干涉条纹，即干涉现象。

为什么会这样？因为光是一种波，狭缝中出来的两道光就是两束光波。所谓波，就是波峰、波谷呈波浪式向前传播，到达屏幕上的某点。若正好是两束光的波峰与波峰叠加，就等于是加强，显示亮条纹；若是波峰与波谷叠加，等于就抵消了，显示暗条纹。只要屏幕与双缝的距离不变，条纹也不会动，一旦距离稍微变动，则干涉条纹就会移动，特别敏感，因为光波的周期和波长都很短。这就是干涉仪能够测量微小变化的原理。

LIGO就是基于这个原理，但实际运用稍有不同，具体是这样的：LIGO有两个互相垂直的双臂，在两臂的交会处放置一个激光光源，让它发出一束光，然后一分为二，分别进入超真空状态的两臂，在两臂的终点都有一个镜面，能将这两束光都反射回来，反射回来的两束光就在出发点再次相遇。它俩会说一句：咋这么巧，刚分别又见面了！在寒暄的同时，二者也就干涉起来，形成明暗条纹。

正常情况下，这个干涉条纹是不动的，一旦有引力波来袭，会发生什么情况呢？我们刚才说了，引力波会在一个空间方向上拉伸，在另一个方向上挤压。而LIGO的双臂是垂直的，也就是在不同的空间方向上，一个臂长会拉长，另一个会缩短，那么两束激光在两臂走过的距离就发生了变化。尽管这个变化非常小，但光波的波长也很小，所以它能感受得到。但光感受到了怎么告诉研究人员呢？就是以干涉条纹发生变化来显示的，一旦光程差发生一丁点变化，干涉条纹马上会移动。两臂长度越长，引力波拉长和缩短的距离就越明显，则两束激光光程差的变化就越大，干涉条纹的变化就越明显。

这个设计真是太妙了，其设计最早出现在迈克尔逊-莫雷用来观测以太所用的干涉仪。

LIGO建成这两个巨型干涉仪后，就静静地等待。他们也不知道要等多久，运气好了一年，不好了十年、二十年。但他们运气真的很好，2015年9月14日，久违的它来了，是那么纤弱，又是那么惊艳，它的波形活脱脱地展示出两个黑洞的瞬间合并。

以上内容，"水分"比较大，都是大家听说过的大路货。

现在准备讲点干货了。很多人问我这样一个问题：发现了引力波是不是就等于发现了引力子？引力波和引力子到底是什么关系？其实我对这个问题也特别有兴趣。我最初的感觉是，两者不是一回事，是不同理论体系下的两个概念。但很多文章轻而易举地将两者等价，只是进行类比，说把电磁波量子化以后就是光子，所以说电磁波与光子的等价关系，就相当于引力波与引力子的等价关系。

这纯属类比论证，但严格来说，类比不是一种论证的方式，只是一种形象说明的方式。当年在经典物理中，光只是电磁波，但无法解释光电效应，直到爱因斯坦才提出：电磁波是分立的光量子构成。这个光量子假设不但解释了光电效应，还解释了经典物理无法解释的康普顿效应，这样光量子学说才被大家认可，现在直接叫光子。所以将电磁波量子化不是随随便便说的，要能得到实验的支撑。所谓量子化，就是把它变成离散的、不连续的、一份一份的。以引力波类比电磁波其实特别不合适，电磁波再虚，也是互相激发电场和磁场，把它从连续的图景换成一份一份的、不连续的，还是可以想象的。但是引力波是时空曲率的传播，是时空涟漪，纯属广义相对论中的理念。而引力子是量子力学中假想的概念，认为两个物体之间的万有引力是由于互相之间传递引力子造成的，与引力波这个概念真不是一回事。如果非要将引力波等价于引力子，就等于要将时空量子化，就是要认为时间和空间并非是连续的，而是离散的、一小块一小块的。你敢不敢这样想？

来到近代物理的领域就一定要"二"，否则要么彻底不懂，要么被吓破胆。时间和空间量子化，早就有学者干过这种事儿，而且干出了不少成果。

这里给大家介绍一下圈量子理论中的一些结论，这个圈量子力学是极度前沿的理论。普通的量子力学只是告诉我们能量不是无限可分的，有一个最小单位，即是不连续的。现在圈量子理论告诉我们，空间也是离散的。

想象一个边长为一米的立方体空间，我们可以把每一边都一分为二，得到八块空间，再对其中一块小空间用同样方法分割，并一直这样分下去。大家一定要注意，我们现在分割的是空间，而不是正方体的物质。那么需要思考的是，是不是可以永远这样分割下去？会不会有一个空间最小单位，到了这个最小单位就无法分割。注意不是技术手段不行了，是空间本身已经不可分割了。

圈量子理论告诉我们，空间也是离散化的，也有一个不可分割的最小单位，而且推算出这个最小单位是 10^{-99} 立方厘米，也就是 $\frac{1}{10^{99}}$。有人肯定会问，它有实验验证吗？这个真没有。大家想想，以现在的条件，怎么可能去验证 10^{-99} 立方厘米这种尺寸？这就如同爱因斯坦当年推算出引力波一样，没有实验验证，而且当时也没法验证。

但空间量子化还是有一些间接证据。研究黑洞的学者发现：一个视界面积有限的黑洞只能包含有限的信息量，也就意味着每一个空间区域只能包含有限数目的信息，这与空间无限可分的观念难以调和。因为如果空间是连续的，意味着每一个有限区域都可以包含无穷多的信息；为什么？因为空间连续就意味着可无限分割，每一个小空间里都蕴含着无数小空间，那么有多少信息都不可能装满任何一个空间。

还记得在"黑洞与平行宇宙"那一章提到的超弦理论吗？那里也涉及空间的量子化，在此有必要重复一下。超弦理论认为万物皆弦，同样一根弦，这样振动就是电子，那样振动就是夸克，不同夸克弦勾连起来分别形成中子和质子。就连四大力也是弦，传播力的无非是光子、胶子、玻色子、引力子，也都是那根弦的不同振动而已。而且还信誓旦旦地说：引力子是一种封闭的弦。大家可以感觉到，这个引力子与引力波真没啥关系。顺便说一下，这个引力子从没有获得实验的验证。

但超弦理论也推导出：空间结构是离散的，而不是连续的！也就是说，空间不是无限可分的。

如此说来，超弦理论与圈量子理论殊途同归了，都认为空间不连续，也就是说空间具有一个最小的、不可分割的值，每一个最小的空间就是一个独立的单位。这就意味着，宏观空间是由一份一份的独立小空间拼接而成的。

超弦理论甚至推导出时间也是不连续的，是由一小段一小段拼接起来的。换句话说，时间也有最小单位，这样时间本身也可以被量子化。

如果，我是说如果，圈量子力学和超弦理论在这一点上是正确的话，也就是说时间和空间都可以量子化，时空当然就可以量子化。时空量子化意味着：四维时空是由一小块一小块四维超立方体拼接而成的。这个最小单位的四维超立方体一旦弯曲程度发生变换，说明有引力波传了过来，也可以理解为这个小立方体承载了引力子，因为它是引力波的最小单位，引力波的最小单位就成了引力子。每一小块超立方体弯曲程度的改变，马上会引起紧邻的超立方体弯曲程度的改变，这就是波的传播，或者说引力子从这个超立方体跑到了下一个超立方体，这就是引力子的传播。

听着好虚吧！是的，近代物理把一切都虚化了，虚才是宇宙的本质，而实是五官的幻想。虚虚实实，近代物理很好地阐释了这个中国成语。

如果以上理论都成立，那么引力波和引力子就等价了。但这还没有得到观测验证，所以现在说引力波和引力子是一回事还为时尚早。

为将引力波讲到本质、讲到精髓，笔者决定要打破硬骨头、要吃骨髓，让大家真正了解引力波。

我首先委托正在美国留学的一位学生帮忙查找了LIGO发表的论文（在此向他表示谢意），拿到论文时我很惊讶，打印出来竟然长达十六页。标题翻译出来是"针对双黑洞合并所引发的引力波的观测"，署名作者是B.P. Abbott，但后面带了个etal（等等，等人），下面注释写着"完整的作者名单列在文末"。我心里很纳闷，一边嘟囔着，一边将论文翻到最后。

原来密密麻麻的名单一共占了三页，估计有一千个作者，紧接着是两页半的合作单位名单。LIGO发现引力波真是个集体大工程，烧大钱啊！

再给大家翻译一下这篇论文的第一段：

"在1916年，也就是广义相对论引力场方程最终形成的次年，阿尔伯特·爱因斯坦预言了引力波的存在，他发现，线性化的弱场方程有波的解：是一种横波，以光速在传播……"就此打住，欲知精彩如何，且听下回分解。

第二节　光混时空

　　四维时空曲率，听着就让人毛骨悚然，曲率已经扭曲了人的心灵，还是四维时空的。但要想真正了解引力波，必须明白什么叫四维时空曲率，因为引力波就是四维时空曲率的传播。

　　先看看什么叫四维时空，这个问题前面讲过，但讲得太浅以致无法导出引力波，现在要深入了解，还得从头说起。

　　我们平时处于三维空间。比如你在爬山，要给别人说清你的位置，就需要前后、左右、上下三个坐标，一般记为XYZ，这个大家都很熟悉。但是要注意，光说空间坐标还不行，因为你一直在爬，不同的时间所处的空间位置是不一样的，所以在告诉XYZ的同时，还要说你在哪一个时刻处于XYZ的空间点，所以给家人的完整信息就是XYZ和T，T就是时间。也就是说，你把你所在的空间位置XYZ和时间点T组合起来都告诉家人，才完整地告知了你在宇宙中的所在点。即需要XYZ三个维度，再加上时间T这一维度，才能完整地描述一个事件，这就是所谓的四维时空。

　　这个道理好像很简单，一个事件要同时指明时间和地点，这是古人都懂的道理，在古汉语中，宇是空间、宙是时间，宇宙就是时空，中国古人早有此概念。既然如此，为何直到爱因斯坦才提出四维时空的概念，牛顿怎么就没提呢？

　　在前面章节中已经完整地介绍了牛顿的绝对时空观。牛顿认为，绝对空间与绝对时间之间是相互独立的，不会发生相互作用，所以没必要把时空视作一个整体，所以就没必要提出四维时空的概念。事件随便在空间中去玩，时间与观测者所在的参照系无关，总是均匀恒定地流逝，干吗要把时间和空间"粘"到一起说呢？

读到这里，很多朋友应该感觉出来了，爱因斯坦之所以要把时间和空间放在一起组成四维时空，一定是因为时间和空间之间会互相影响，或者说时空是一个整体，绝不是因为爱因斯坦这个人"粘"得很。

关于牛顿绝对空间之不存在，我们在"第五章牛顿时空观和引力观的兴衰"中说得已经比较清楚了，但对于绝对时间是否存在说得还不够充分。现在我们专门对付这个问题。

一般我们都觉得时间是绝对的，是不依赖于空间而均匀流逝的。但真的是这样吗？笔者准备用"同时"这个概念，彻底击碎大家的这种常识。

我们平时经常说甲事件和乙事件同时发生。但如果我反问你，"同时"是什么意思？估计你会觉得我脑子有问题。但对于科学来说，一切概念要具有可观测性，否则就不是科学。我就用爱因斯坦常用的那个例子来说明这个问题。

想象一下，在你面前有一个直直的铁轨，铁轨上两个距离比较远的点A和B，突然来了一道闪电同时击中铁轨上的AB两点。这时，爱因斯坦反问你，凭什么说是同时，你对同时的定义是什么？如果你唧唧歪歪，觉得"同时"就是同时，爱因斯坦会这样讽刺你：一个研究者所使用的具体概念，必须要能给出严格的定义，而且这个定义还可以通过实验来观测和判定，否则就是自欺欺人。这才是科学，科学还真不是一般人能随随便便运用的。

那么大家想想，怎么定义事件发生的"同时性"？爱因斯坦想了一个很朴素的办法：把铁轨上的AB两点画一个连线，找出其中间点M，然后把观测者放置在M处，这时闪电打在铁轨的AB两点，如果观测者同时看到AB两点传来的光信号，那么我们就可以说这道闪电是同时击中AB两点。怎么样，大家对这个定义还满意吧？当然，你不能和我抬杠，说人的双眼只能看一个点，怎么可能同时观测距离较远的AB两点呢？你就假设双眼是长在双耳的部位，就没有问题了。

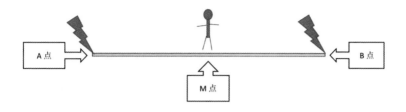

6-1 何为"同时性"

好了，有了对事件同时性的定义，再来看看同时性是不是一个绝对的概念。

想象铁轨上来了一辆很长的火车，车厢里面也有一个观测者，也在等着观赏闪电。大家都坐过火车，一定都有这样的经验，火车上发生的任何运动，我们都是以火车本身为参照系的，绝不是以铁轨或路面为参照系。好，继续想象火车以时速100千米的速度，从左到右向铁轨上的观测者驶来，铁轨上的观测者就站在铁轨AB两点的中间点M处，如图6-1所示，而火车是自左而右向铁轨观测者开过来。那么火车头必然会先经过A点，再经过B点，对吧？

希望大家不要觉得啰嗦，关键时刻到了——火车就要来了。

大家还没忘吧，火车里还有一个观测者，随着火车的行进，火车头先是经过铁轨A点，再经过铁轨B点，那么总会有一刻，火车的观测者会经过铁轨AB中间点M，对吧？

就在火车中观测者与铁轨M点相重合的一刹那，说时迟、那时快，有一道闪电同时击中铁轨上的AB点。凭什么说是同时呢？因为铁轨观测者是同时看到这两个事件的。但问题是：火车上的观测者是否也会同时看到AB两点传来的光信号呢？估计有人说：当然会同时啊，因为此时火车上的观测者也处于AB的中点M。但是，这位朋友忽略了一个问题，火车是处于运动之中的，它在相对于铁轨做匀速运动。这就意味着火车上的观测者是以一定速度向前方B点运动，这样火车观测者对于B点传来的光信号等于是迎了上去，而对于后方A点传来的光信号等于是在逃离，于是，火车观测者应该先看到了 B 点的闪电，然后才看到 A 点的闪电。

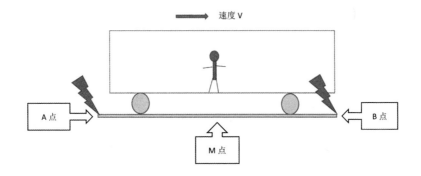

6-2 火车上的人，会先看到B点的闪电，意味着"同时性"是相对的

神奇的事情出现了。对于铁轨观测者同时发生的闪电击中 AB 两点，而对于火车观测者来说，却有先有后。这说明"同时性"是相对的，对于铁轨参照系同时发生的两个事件，对于火车参照系却不同时。

以后当我们说同时性概念时，必须要说针对哪个参照系，否则毫无意义，这才是科学。这意味着：每一个参照系都有自己独特的时间系统。

在传统物理学中，虽然我们早就认识到运动、速度等具有相对性，但一直觉得时间是绝对的，是不依赖于参照系的，但事实并非如此。世间的一切都是相对的，这的确有点令人触目惊心。

善于思考的朋友或许从中意识到，这个同时的相对性来源于其定义，就是在中间点同时感受光信号。若光速无限大，则同时性就是绝对的，因为光速无限大，就会导致光信号传播不需要时间，无论铁轨还是火车上的观测者，都会在闪电击中 AB 两点的同时接受到光信号。但光速是有限的，每秒30 万千米。这个数值虽然有限，但对于我们的普通生活来说影响巨大，几乎是无限的。所以我们在日常生活中感受不到同时性的相对性，除非坐上接近光速的火车。

简而言之，因为人类的观测依赖于光，而同时性的定义又依赖于观测，于是时间与光速发生了关系。这就是为何光速问题成了一个核心问题。这句话很重要，可回答为何光速在整个物理中扮演了非同一般的角色，所以我要再说一遍：因为人是用光来进行观测的，所以光速决定了观测值，决定了科学的理念。而光速又特别奇葩，导致整个近现代物理成了奇葩。

光速怎么奇葩了？就是光速不变的问题，虽然前边已有涉及，但此处会有新内容和新方式。所谓光速不变是指：在所有参照系中，光速在真空中都是一样的，都是c。也就是说，同样一束光穿了过来，铁轨观测者感受的是每秒30万千米，而运动中的火车观测者观测到的也是每秒30万千米，一丝一毫都不差，这是不可想象的。

具体来说是这样，比如火车以每秒1千米的速度相对于地面前进，当然这是超高速高铁，有一束光迎着火车头直射过来，地面上的观测者测得这个光速是每秒30万千米，那么火车中的观测者会感受到多少呢？按理说，火车是迎着光前进，它应该觉得这束光比30万千米要快，具体就是火车自己的速度加上30万千米，应该是每秒31万千米，但事实上，火车上观测者感受的光速还是每秒30万千米。这完全违背了我们的常识，我们开车的时候，迎面过来的车，我们就会觉得它很快，而同方向运动的车，我们就会觉得它很慢。但如果迎面过来的不是车，而是光，感受到的速度就和自己的车速没有关系了，人家就是给你呈现一个固定的速度——每秒30万千米，你不服不行。

再举一个例子。想象我们坐上了一艘宇宙飞船，其速度很大很大，达到光速的一半，也就是0.5c。确切来说，地球上的人观测到这个飞船速度是0.5c。这时我们在飞船上发出了一束光，对于飞船上的人来说，这个光速的速度当然是c，也就是说飞船发出的光，相对于飞船的速度是每秒30万千米。那么这里要问，地球上的人观测这束光，应该是什么速度？按照我们的常识，即按照经典物理中的速度叠加原理，地球上的观测者应该觉得这个光速是飞船的速度加上光速相对于飞船的速度，也就是0.5c加上c，等于1.5c，每秒45万千米。但实际上是，地球人看到的光速仍然是每秒30万千米，一丝一毫都不差。

这就是光速不变原理。如何理解这一点？因为飞船和地球这两个参照系的时间系统不一样，速度等于距离除以时间，过去的常识以及经典物理都是基于时间是绝对的，一旦时间相对了，就会出现光速不变。没太理解的朋友还可以返回《第五章牛顿时空观和引力观的兴衰》再读读，那里讲得非常详细。

现在要谈谈光速不变这个极度违背常识的念头是怎么冒出来的，千万不要觉得是爱因斯坦脑洞大开，脑浆乱喷出来的。当时的历史已经发展到不提出这个观念不行的程度了，爱因斯坦不提，"恨因斯坦"也会提，甚至"巴勒斯坦"都会提。

首先是麦克斯韦方程中已经隐含了光速不变的原理。这里要展开一下。

在麦克斯韦诞生以前，库伦建立了两个点电荷之间相互作用的库仑定律，奥斯特发现了电与磁之间的联系，安倍发现了环路定律，法拉第发现了电磁感应定律，这些我们在中学都学过。

那麦克斯韦干啥了呢？他把所有这些定律归结为四个微分方程，就是大名鼎鼎的麦克斯韦方程，这个方程以其绝世芳华之姿，多次被广大数学、物理学爱好者评为宇宙最美方程式。其核心内容就是表达了变化的电场会激发磁场，变化的磁场会激发电场，形成电磁场。大家想象一下，真空中有一个变化的电场，在旁边产生了一个变化的磁场，变化的磁场又在它旁边产生了一个变化的电场，以此类推，就形成了向前传播的电磁场，这就是电磁波。

麦克斯韦用其方程算出了电磁波在真空中的速度是每秒30万千米，这也太巧了吧，竟然和光速一模一样，于是麦克斯韦大胆断言：光就是电磁波。逻辑特别缜密的听友一定皱眉头了，电磁波的传播速度与光速正好一样，光就是电磁波，这是啥逻辑？如果梅花鹿与野驴的奔跑速度正好一样，难道野驴就是梅花鹿了吗？老麦啊，老麦，你可不能胡说啊！

是这样的，科学的发展就在于敢大胆猜想、大胆预测，没有狂野的猜测，就没有科学进步；赫兹后来证实了麦老的预测，光的确是电磁波。

刚才说到麦克斯韦从其方程中解出了电磁波在真空中的传播速度，具体公式是：

$$c = \frac{1}{\sqrt{\varepsilon_0 \mu_0}}$$

其中，μ_0 是磁导率、ε_0 是介电常数。也就是说，电磁波的速度完全是由磁导率和介电常数决定的。

大家不用在意磁导率和介电常数到底是个啥，反正这两个东西和观测者所在参照系无关。而电磁波的速度就是由这两个东西所决定的，这样就有了一个可怕的结论：电磁波的速度与观测者所在的参照系无关；而光就是电磁波，那么光速就不依赖于所选的参照系。

公交车的速度为何依赖于所选参照系？因为公交车的速度等于其走过的距离除以所用的时间，而这个距离就和参照系有大大的关系。若站在路面上的人看它走过了十米，而与公交车同方向骑车的人一定觉得它走了不到十米。而公交车上的乘客，还会觉得公交车相对于自己就没有动弹，距离是零。正因为距离与所选参照系有关，所以公交车的速度就与参照系有关。所以当我们说公交车的速度时，必须要指明它是相对于哪个参照系的速度；而光速就是光速，无论在哪个参照系下观测都是光速每秒30万千米。

尽管到了这个份上，麦克斯韦还是没有突破传统观念，没有认为光速在任何参照系下都是一样的。这一则是他不够"二"，再则是他认为方程计算出来的光速是相对于绝对静止的以太参考系。什么意思？他是这样想的，既然光是电磁波，那么波的传播就需要介质，但为何能在真空中传播呢？说明真空不空，只能是因为宇宙中到处都充满了以太这种物质，以太是绝对静止的，光速就是相对于绝对静止的以太系的速度。但迈克尔逊－莫雷实验否定了以太的存在，这就表明他的这一猜想有误。

当时，洛伦兹为了强行解释迈克尔逊－莫雷的实验结果，在数学上强行处理，搞出了一个洛伦兹变换，在数学形式上已经蕴含了光速不变的原理，但洛伦兹也不敢这样想，因为这太逆天了。这种事儿还真得年轻人干，而且得是很"二"的年轻人。

爱因斯坦当时就具备了这样的双重素质，于是他大胆提出了光速不变的假设。这的确太令人匪夷所思了。但近代物理的规矩是这样的：无论假设如何荒诞，只要以之为基础构建的理论能够解释现有的实验现象，就暂且留下以观后效，如果这个理论做出的各种预测都得到实验观测的证实，反过来就会承认该理论最初的假设；证实的预测越多，大家就越认同，无论它如何荒诞。

爱因斯坦就以光速不变为出发点建立了狭义相对论，后来的实验观测不断证实狭义相对论的各种预测，于是光速不变从假设上升为原理，即光速不变原理。这里再举一个关于时间的例子。

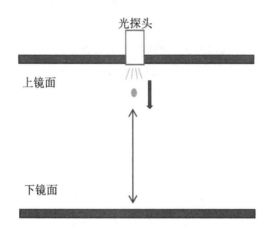

6-3 光子钟

刚才提到不同参照系下的同时性具有相对性，地面观测者感觉同时的事件，对于火车观测者来说是不同时的。现在再看看，地面观测者与火车观测者对于时间流逝快慢的感觉是否一样。我们需要一个非常严格的钟表来规定时间，于是选择光子钟。想象有两个镜面，隔开一定距离，一上一下放置着；假设在上镜面有一个光探头，直直地向下发出一束光，光打到下镜面，又会被直直地反射到上镜面，然后又反射到下镜面，如此反复，形成一个周期运动。凡是具有如此周期运动的装置，都可以定义为一个时钟。我们可以把这束光一上一下这一个周期定义为一个时间单位，比如就叫一秒钟，也可以叫一刹那，就是一个名字而已。

现在把这个光子钟放在火车上，火车速度随便说个数，比如每秒1千米。对于火车上的观测者来说，这个光子钟是静止的，所以他会看到光子钟内部的光在直上直下地来回反射，这没什么问题，就好比你在火车里拍篮球直上直下，因为火车相对于你是静止的。现在要问大家的是，如果地面上有一个观测者，可以看到火车内的你，那么他看到你所拍的篮球还是不是直上直下？大家要动动脑子。现在是地面观测者在看火车里的你拍篮球，但火车对于地面观测者来说是向前开的，火车上的你和篮球所接触的火车地板都是在向前运动，这样地面上的观测者就会觉得这个篮球走的是斜线。因为你的手在向前走，如果篮球还直着上去的话，你的手就拍不到了，篮球必然是向前斜着上去才能追到你的手。这个大家一定能够想得通，这只涉及初中物理知识。

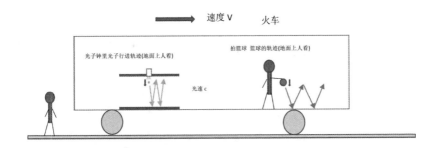

6-4 地上观察者看到光子和篮球的轨迹

回到火车上的光子钟，这两个镜面之间来回反射的光不就是刚才的篮球吗？所以，对于火车上的观测者来说，这光在镜面之间直上直下；但对于地面观测者来说，这束光是斜着上、斜着下。大家都知道，斜线比直线长，时间等于距离除以速度。那么大家想一想，火车上的人看到的光是直上直下，其距离就比地面上的人所看到的斜上斜下要短，而火车上的人所感受的光速与地面上的人所感受的光速又完全一样，而时间又等于距离除以速度，所以火车上感受的镜面之间光的一上一下就比地面观测者所感受到的时间要短，也就是感受这个光子钟走得更快。但大家要注意，火车上的人是一切以火车参照系为标准的，无论光子钟多快多慢，他都会觉得是正常的。也就是说，是地面观测者觉得火车上的光子钟变慢了。

这个结果再次告诉我们，时间是一个相对概念，同一个时钟，火车上的人觉得它很正常，而地面上的人就觉得它变慢了，这就是狭义相对论中所说的运动的时钟变慢。

这个例子再次告诉我们，时间和空间会发生关联，我们必须要将时间和空间作为一个整体来考虑，于是四维时空的概念就在狭义相对论中横空出世了。

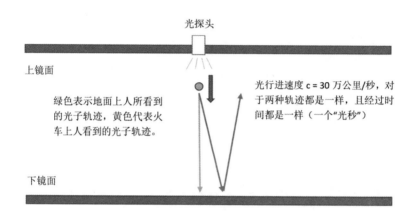

光探头

上镜面

绿色表示地面上人所看到的光子轨迹，黄色代表火车上人看到的光子轨迹。

光行进速度 c = 30 万公里/秒，对于两种轨迹都是一样，且经过时间都是一样（一个"光秒"）

下镜面

6-5 对于车上的人和地面上的人来说，虽然看到光子的轨迹是不一样的，但速度是一样的。

我在这里要出一个思考题：为什么一定要选光子钟作为计时方式，而不选择火车上拍篮球呢？那也是一个周期运动。我在这里可以告诉大家，如果用拍篮球作为时钟，地面上的人就不会觉得它变慢了。为什么？难道篮球在地面观测者眼里走的不是斜线吗？是斜线，但地面观测者看到的篮球速度与火车上观测者看到的篮球速度是不一样的，这导致他们所观测的周期恰恰是一样的。这里我就不细讲了，留给大家思考一下。

综上，我们得出一个道理，运动中时钟变慢的罪魁祸首就是光速不变。而人类要用光来进行各种观测，所以光速不变这个原理就会渗透到整个物理大厦，最终导致时间和空间发生关联，不但令时间和空间必须要组成一个整体的四维时空，还带来很多光怪陆离的现象，比如运动中的物体长度会变短、运动中的物体质量会变大。总之，牛顿和常识在这里崩盘了，但更令人崩溃的内容还在后面。

第三节　脱欧入闵

　　明白了四维时空，现在要了解四维时空的曲率，因为引力波就是四维时空曲率的传播。但曲率是一个纯粹的几何概念，是用来描绘空间弯曲程度的一个数学概念，要了解它，我们要先从简单的平直时空说起。或者干脆就从最简单的经典空间说起吧。

　　在经典物理中，空间与时间是完全分离的，所以只需要考虑三维空间，而且它也是平直的，根本没有什么弯曲的概念。这特别符合我们的常识，也是牛顿的想法。

　　平直的三维空间称为欧几里得空间。欧几里得空间，大家千万不要觉得陌生，我们在中学学的平面几何和立体几何都是欧几里得几何，就连解析几何也不过是用代数的方法来解决欧几里得空间中的问题。大家没忘那个平面直角坐标系吧，互相垂直的XY轴，这是笛卡尔研究出来的，所以又叫笛卡尔坐标系；如果要解决立体几何的问题，那平面直角坐标系就不够了，要再画一个Z轴，垂直于XY轴所形成的平面，这样就形成立体直角坐标系，这当然也是笛卡尔坐标系。

　　在欧几里得空间中，如果建立起笛卡尔坐标系，那么空间中的任何一个点，都可以用xyz的三个数值来表示。这里可以先用二维平面来说，再推广到三维空间。

　　我们现在画一个直角坐标系，就是画一个互相垂直的XY轴，XY轴的交叉点就是原点O，这时我们随便在平面中标出一个点A，就可以用坐标x和y来唯一标定它的位置，即A（x, y），其中x就是这个点距离Y轴的垂直距离，而 y 就是这个点距离 X 轴的垂直距离。比如说 A（3，4）就是指 A 点的横坐标是 3，即它距离 Y 轴距离是 3，纵坐标是 4，即它距离 X 轴的距离是 4。这时我要问了，A 点距离坐标系原点 O 的距离是多少？用勾股定理，也就是 3 的平方加上 4 的平方等于 5 的平方，所以以点 A（3，4）距离原点 O 的距离就是 5。

现在考虑这个平面上有甲乙两个点，坐标分别是（x_1，y_1）和（x_2，y_2），那么甲乙两个点的距离 s 是多少？无非是将两个点坐标的差值进行勾股定理，于是得出甲乙距离 $s^2=(x_2-x_1)^2+(y_2-y_1)^2$。

我们在中学时喜欢把差值记为希腊字母 Δ（delta），所以这里的距离也可以表达为：$s^2=\Delta x^2+\Delta y^2$。

现在继续假设甲乙两点挨得特别近，两点间的距离非常小。有人会说，甲乙两点无论距离远近，反正都是 $s^2=\Delta x^2+\Delta y^2$，你刻意说这种情况有什么意义？意义大了，但此时不方便说。但请大家注意，在数学上差值特别特别小的情况就不再用 Δ 来表达，而是用 d 表示，比如 dx 就是表达甲乙两个横坐标之间非常非常小的差值。学过高等数学的人知道，这是在说微积分的微分。微分就是很小很小的差值，用小写的 d 来表达。

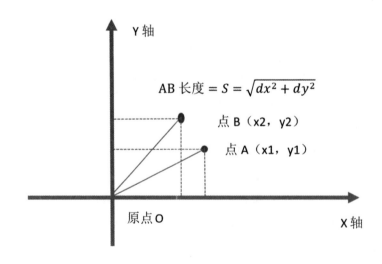

6-6 微分形式的勾股定理

这样一来，挨得很近的甲乙两点的距离公式，用微分表达式就成了

$ds^2=dx^2+dy^2$。有人会说，怎么s也d了一下？因为距离很近很近。好，大家一定要记住：挨得很近的甲乙两点的距离公式是$ds^2=dx^2+dy^2$。说白了就是勾股定理，这一定要记住，不然就会越来越费劲。

刚才说的是平面的情况，现在在要将之推广到三维欧几里得空间，这样挨得很近的甲乙两点的距离公式是什么呢？当然我们首先要建立立体直角坐标系，有了XYZ轴，才可以对空间中的任意一点给出坐标（x, y, z）。我们把刚才在平面中的公式直接推广到三维空间——挨得很近的甲乙两点在三维空间中的距离公式是：$ds^2=dx^2+dy^2+dz^2$。感觉还是挺顺的，不放心的朋友可以自己推导一下，不过是用了两次勾股定理；或者你洋气一点儿，先用了一次勾股定理，再用了一次毕达哥拉斯定理，中西结合，微分距离终于搞定啦。

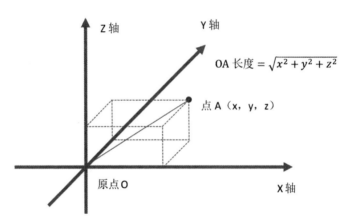

$$AB = \sqrt{(x_1-x_2)^2+(y_1-y_2)^2+(z_1-z_2)^2} = \sqrt{\Delta x^2+\Delta y^2+\Delta z^2}$$
$$AB = dS = \sqrt{(x_1-x_2)^2+(y_1-y_2)^2+(z_1-z_2)^2} = \sqrt{dx^2+dy^2+dz^2}$$

6-7 三维空间中的微分勾股定理

说这些到底想干啥？在经典物理学中，也就是在常识中，一个刚体上两点的距离是否会因为刚体的运动而发生变化？刚体，就是在运动中形状和大小都不变，而且内部的各个点的相对位置也不变的物体。比如一个标枪就是刚体，但人就不是刚体，人在跑步的时候，两腿间的距离会不断变化。回到原来的问题，在我们的常识中，一个刚体上两点的距离是否会因为刚体的运动而发生变化？就是说标枪上两个点的距离是否会因为标枪在空中飞行而发生变化？不会，绝对不会。这一点，牛顿是这样认为的，伽利略也是这样认为的，亚里士多德更是这样认为的。先别偷偷笑，我们要把这个经典的观念用数学严格表达出来。是的，又要说数学公式了，就为真正了解引力波。

现在我们讨论相对速度是 v 的两个惯性系上的观察者，对某个运动物体的描述有无差异。这听起来很别扭，两个惯性系等等，其实与火车相对地面以速度 v 匀速行驶，来看地面观测者和火车上的观测者对同一个物体运动的描述，在本质上并没有什么不同。

也就是说，我们要以两个观测者的各自角度来看待同一件事，所以需要各自建立笛卡尔坐标系，也就是立体直角坐标系 XYZ，分别表达前后、左右、上下。一个坐标系与地面绑定，就是以地面观测者为中心所建立的坐标系；另一个坐标系与火车绑定，也就是以火车观测者为中心所建立的坐标系，下面我们用客车表示。

为了生动直观，我们假设这两个观测者是父子俩，父亲到火车站送儿子去远方。此时客车待发，父子俩依依惜别，儿子从车窗伸出胳膊，紧紧地抱住了父亲的肩膀，说了一句话，父亲听后，禁不住泪流满面。父亲从来都没有流过泪，这一回终于没有忍住。儿子到底说了啥？有人开始猜测了，儿子说的是："我要去寻找引力波！"别瞎猜了，还是听我说，是做了一首诗："男儿立志出乡关，学不成名誓不还；埋骨何须桑梓地，人生无处不青山。"希望大家以这种精神，坚持吃完引力波这道硬菜——埋骨何须桑梓地，人生处处曲率波。

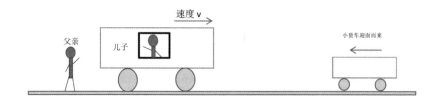

6-8 父亲送儿子，两眼泪汪汪

讲这个故事不只是为了励志，更想告诉各位，地面观测者父亲和火车观测者儿子在火车未启动前，处于同一空间位置，随后客车就沿着地面坐标系的X轴向前行驶了。也就是说，儿子所在的客车坐标系开始以速度v沿着X轴方向向前运动了，那会如何？双方看待事件的感觉就不一样了。

我们假设父子的眼睛都很好、看得很远。这时有一辆货车在X轴上反方向行驶过来，那么地面上父亲感受到的货车距离与客车上儿子的感受就不一样。这真是废话，儿子的客车是迎着货车上去的，当然觉得近，而父亲在原地没动，就会觉得货车还比较远。我们把货车在地面坐标系中的坐标表达为（x, y, z, t）。怎么还有时间t？因为货车一直在动，每一个时刻的坐标点（x, y, z）都可能不一样，所以描述货车还需要时间点，而货车在客车坐标系中就表达为（x', y', z', t'）。别忘了，客车在以速度v沿着X轴向前运动。

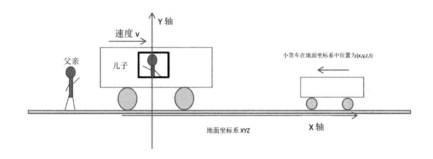

6-9 地面为参考系时，货车的速度和坐标

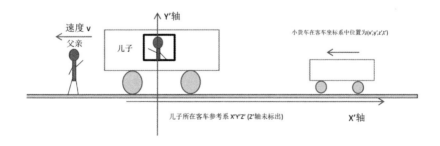

6-10 地面为参考系时，货车的速度和坐标

这两组坐标（x, y, z, t）和（x', y', z', t'）就是地面上的父亲和火车上的

儿子分别对货车时空位置的描述。那么两者的关系应该是：

$$x'=x-vt$$
$$y'=y$$
$$z'=z$$
$$t'=t$$

解释一下，因为客车是迎着货车开过去的，所以客车上的儿子所感受的货车距离要比地面上的父亲更近一些。近了多少呢？就是客车速度乘以行驶的时间。这也就是儿子远离父亲的距离，所以有$x'=x-vt$。为何在另外两个方向上就是$y'=y$，$z'=z$呢？因为客车是沿着X轴向前运动的，它在垂直的Y轴和Z轴方向就没有任何运动，也就是儿子与父亲在上下和左右这两个方向并没有发生相对移动，所以就有$y'=y$，$z'=z$。

为何$t'=t$呢？因为父亲和儿子是同时开始计时的。有没有问题呢？估计有读者不愿意了，起始时间一样又如何，前面不是说过，运动物体的时间会膨胀吗？t'是要膨胀的，怎么会等于t呢？你要这样说，我就太高兴了，说明前面没白讲。但是在这里，我还是要说$t'=t$，因为我们是在讲经典物理。

好，现在把刚才说的四个数学等式放在一起，就是：

$$x'=x-vt$$
$$y'=y$$
$$z'=z$$
$$t'=t$$

在经典物理中，我们把这组公式称之为伽利略变换，其表达的是两个相对运动的惯性系之间的变换。这个变换太符合我们的常识了，所以也特别好理解。因为t'总是等于t，所以都没有必要考虑这个等式，根本就不需要写出来，它就在人们的心中，心照不宣，不证自明，仿佛荣格所谓的"集体无意识"。

当然，我们现在知道它是有问题的，因为我们已经站在了爱因斯坦的肩膀上，看到了伽利略和牛顿的脑门上，长了一个很经典的瘊子。

在伽利略变换之下，可以发现一个不变量，就是无论地面上的父亲还是客车上的儿子，他俩对货车上某两点之间距离的观测是完全一样的，这是因为距离是坐标之间的差值。虽然处在不同坐标系对于 X 方向有 vt 的差别，但做减法时就消掉了。也就是刚才说的，刚体之间邻近两点的距离 $ds^2=dx^2+dy^2+dz^2$ 在不同的参照系下是不变的，即标枪不会因为其飞行而改变其上两点间的距离。

总之，大家记住，在经典物理学中，不同惯性参照系的变换叫伽利略变换，变换过程有一个不变量，就是两个空间点之间的距离，也就是说长度是一个绝对量，不会因为参照系的不同而发生改变。

但现在我们已经知道，这种认识是不对的。物理学家为何抛弃了伽利略变换，就是因为迈克尔逊-莫雷实验。我在第五章讲了，这个实验的结果太"雷人"，令当时的物理学家绞尽脑汁想解决这个问题，甚至提出了以太拖曳理论，但都不太靠谱。

这时洛伦兹站出来了，他说：任何物体在相对于以太的运动方向上，其长度都要收缩 $\sqrt{1 \cdot \frac{v^2}{c^2}}$ 倍。这下子，迈克尔逊-莫雷实验中没有测到干涉条纹移动的结果获得了解释。但洛伦兹并没有觉得自己很"二"，可以说他有"二"的行为，但没有"二"的心。他觉得自己纯粹是拼凑，为赋新词强说愁，纯粹是为了解释实验结果而进行的数学拼凑，并没有感觉到这个拼凑中的物理价值。

但是，当小年轻爱因斯坦看到这个拼凑后，如获至宝，直接将洛伦兹变换作为狭义相对论的基础。具体来说，爱因斯坦抛弃了洛伦兹仍坚守的以太基础，直接将洛伦兹变换作为两个惯性系之间的普遍变换，替换了经典物理学中的伽利略变换。

洛伦兹变换，大家应该如雷贯耳，第四章就提到它了，只是当时没说它的数学形式，但今天是豁出去了，不说不行。它的数学形式就是：

$$x' = \frac{x - vt}{\sqrt{1 - \frac{v^2}{c^2}}}$$

$$y' = y$$

$$z' = z$$

$$t' = \frac{t - \frac{vx}{c^2}}{\sqrt{1 - \left(\frac{v}{c}\right)^2}}$$

真的有点儿复杂。我们把它和伽利略变换比较一下，伽利略变换中 $x'=x-vt$；但洛伦兹变换中相减后还要除以 $\sqrt{1-\frac{v^2}{c^2}}$。其中的 c 是光速，v 还是客车的坐标系相对于地面坐标系的速度。大家都知道，火车的速度最多也就时速 500 千米，这和光速每秒 30 万千米相比简直可以忽略不计，所以 $\frac{v^2}{c^2}$ 就几乎是 0，所以 $\sqrt{1-\frac{v^2}{c^2}}$ 就几乎是 1，这样的话，洛伦兹变换就退化成了伽利略变换，这就是为什么生活中感受不到相对论的效应，因为我们生活在低速的环境中。想象一下，如果火车的速度 v 达到光速的一半，那么 $\frac{v^2}{c^2}$ 就是一个响当当的数字了，这样洛伦兹变换的效果与伽利略变换就完全不一样了。

刚才只分析了第一个等式，第二和第三个等式与伽利略变换完全一样，没必要多说。再看第四个等式 $t' = \frac{t - \frac{vx}{c^2}}{\sqrt{1-\left(\frac{v}{c}\right)^2}}$，好复杂，好凌乱。但你从中看到了一种气质，就像我们不知道怀素写的什么字，但看到了一种气质：狂、草，又狂又草；那么从这个公式中看到了什么？看到了 t 变成 t' 之时，里面蕴含了相对速度 v、光速 c，尤其是看到了空间坐标 x 。这意味着什么，意味着时间和空间发生作用了。用爱因斯坦的话说，就是时间和空间搅和在一起了，无法分离了，所以我们必须要用四维时空来看待这个世界。

在洛伦兹变换下，刚体之间邻近两点的距离在不同的参照系下不再是不变的了，两点距离会发生收缩，就是所谓尺缩效应。比如说一根棒子静止的时候长度为 L_0，一旦以速度 v 运动，静止的观测者就会觉得棒子的长度缩短了，具体为 $L = L_0\sqrt{1-\frac{v^2}{c^2}}$。

但在日常生活中，我们看不到尺缩效应。谁让光速太大了呢？否则高速旋转的人还不个个都腰细如柳了吗？这里要提醒大家的是，静止的人感觉运动中的棒子缩短了，但骑在棒子上的人会觉得棒子的长度一点没变，也就是说一切都是相对的。

其实这也挺好理解，有时你觉得人家穿大红大绿挺俗气，但人家自己觉得挺好，如果你真的能进入人家的心理状态，你也会觉得大红大绿挺好。你看别人大口吃泡菜时，自己嘴里的牙齿都觉得很酸，但人家本人并没有觉得酸。就是这个道理，万物一理，岂有他焉？

总之，洛伦兹变换导致了尺缩效应，这意味着，在真实物理世界中，刚体之间邻近两点的距离在不同的参照系下观测，会出现不同的数值。

研究自然规律，就是要在纷繁变化中寻找其中的不变量。破坏了一个不变量，一定会有一个真正的不变量在等着我们。但我先不讲，让大家喘口气。

你一边喘气，我一边给你引进一个人物，他就是爱因斯坦的大学数学老师——闵科夫斯基。

话说爱因斯坦在十七岁上了苏黎世工业大学，成天翘数学课，躲在宿舍学物理，这令闵科夫斯基很生气，直接就骂爱因斯坦："你这个懒狗，我的数学课都不好好听，将来会有啥出息！"

谁成想，爱因斯坦毕业后没多久（1905年）就创立了狭义相对论，这令闵科夫斯基很吃惊，原来是阿尔法狗加贝塔狗？转念一想，"这娃当年没好好听我的数学，他咋就能搞出狭义相对论？"狐疑中把学生的论文拿过来一看，发现论文里面确实只用了一些很简单的数学。

在闵科夫斯基看来，爱氏的理论虽然在物理上极具突破性，但在数学形式上不怎么优美——看，当年没好好听老师的课吧。于是闵科夫斯基觉得有必要帮一下这个老翘课的学生，于是开始研究相对论，最后果然把狭义相对论的颜值大大提高了。

具体是这样的：洛伦兹变换虽然破坏了两点距离 $ds^2=dx^2+dy^2+dz^2$ 的不变性，但是发现了一个新的不变量，大家猜猜这个新的不变量里面增加了谁？有人可能就喷了——我们读懂已经是勉为其难了，还让我们猜没讲的，把我们当啥了？其实还真不太难，想一想洛伦兹变换与伽利略变换的不同就可以猜出来。就是两点不同，洛伦兹变化中出现了光速 c，再者洛伦兹变化中时间 t 与空间 x 混合在一起了，所以这个新的不变量中必然会有光速 c 和时间 t。原因在于，大家都在变，那么把所有变量都凑在一起，就有可能造出一个不变量。

具体来说，这个不变量就是：

$$dx^2+dy^2+dz^2-c^2dt^2$$

这个量不就是原来经典物理的不变量减去 c^2dt^2 吗？也就是两点空间距离再减去 c^2dt^2。

有点儿意思，虽然在不同惯性系下邻近两点的空间距离变了，但是如果让它减去 c^2dt^2，那么就是一个新的不变量。这正体现时空一体的新理念。

这是洛伦兹变换中自然引出的推论，但闵科夫斯基作为一个数学家，感觉这个新的不变量看着不顺眼，不具有数学上的对称性。四个微分相互加减，前面是三个平方相加，看着挺美，后面突然是减法，感觉不爽，而且减去的 dt^2 还乘了一个系数 c^2，也不太美气，咋办？那就变一变呗，这对搞数学的人是容易的一件事，他直接搞了一套新的符号，把这个东西整容了。

具体是这样的，他把 x_1 替代 x，x_2 替代 y，x_3 替代 z，这些还真没啥，关键是最后一项——减去 c^2dt^2 怎么处理？他让 x_4 替代 ict。各位朋友，i 是什么？大家还记得吗？-1 开平方是多少？-1 开平方是虚数，是虚数单位 i，那么 $i^2=-1$。这样，一旦让 $x_4=ict$，意味着 $dx_4^2=-c^2dt^2$。经过这样一番改头换面，洛伦兹变换下的新不变量 $dx^2+dy^2+dz^2-c^2dt^2$。就变成了：$dx_1^2+dx_2^2+dx_3^2+dx_4^2$ 大家有没有觉得很美、很整齐？仿佛这个不变量就是三维欧几里得空间不变量的一个直接推广而已。

肯定会有人发问，做这个整容有啥意思？意思很大，这里先说点小意思——从数学上来说，我们原来把 xyz 作为一个空间点，或者说把（x_1, x_2, x_3）作为一个空间点，现在可以很自然地将（x_1, x_2, x_3, x_4）作为一个空间点。当然前三个是空间坐标，最后一个 x_4 是 ict，是时间坐标，但闵科夫斯基写成这种形式，让我们从心理上觉得，空间与时间至少在形式上是对等的，从而突破了空间和时间风马牛不相及的传统观念。

我们现在把这种四维时空称为闵科夫斯基空间，简称闵空，它与我们熟悉的三维欧几里得空间（简称欧空）是很不一样的。欧空就是我们中学学的那种几何空间，或者说常识中的三维空间。闵空与欧空的差异不在于几维，我们完全可以把三维欧空拓展到四维，就是画一条垂直于正方体的直线，不就可以形成第四维了吗？什么？这没法想象？我也想象不来，就是想表达，欧空也可以超过三维，但都是空间维度，而闵空是多了一个时间维度。

所以，闵空与欧空的差异在于欧空是纯空间，而闵空引入了时间维度。

换一种方式说，闵空把时间视作了第四个维度，而且将时间与三维空间融为一体，从而将物理世界视作四维时空。在四维时空中发生的每个事件，都可以用时空坐标来定位，也就是xyzt，或者说是$x_1 x_2 x_3 x_4$，这就是世界点。既然如此，两个事件之间就会有一个间隔，如同三维空间中的两点有一个直线距离一般。三维空间的距离$ds^2=dx_1^2+dx_2^2+dx_3^2$，那么四维时空中两个事件的间隔不就可以定义为$ds^2=dx_1^2+dx_2^2+dx_3^2+dx_4^2$吗？注意，这是定义，换句话说，是一种规定，但这个规定听起来很有道理，就是三维空间距离在四维时空中的延伸。正是闵科夫斯基的整容，才使得这个延伸显得特别自然。

而且这个规定，也就是两个事件的间隔，在洛伦兹变换下还是不变量。于是闵科夫斯基非常亢奋地宣称：这是四维时空中两个事件的一个绝对间隔，无论在哪个惯性系下计算，它的数值都是一样的，所以这个绝对间隔就相当于三维空间中两个点的直线距离。

闵科夫斯基好强啊，不愧为爱因斯坦的老师。但学生对老师的这个数学处理是什么态度呢？起初是很不以为然的，爱因斯坦觉得闵科夫斯基用数学掩盖了定律背后的物理意义，用x_4代替ict，搞得大家都忘了x_4里面蕴含了时间t。正因为这样，有些相对论书中还是不用闵科夫斯基的那套符号，还是用那个事件间隔的表达式，即：

$$ds^2=dx^2+dy^2+dz^2-c^2dt^2$$

这样看着虽然颜值不高，但是心里很踏实、很安全。

爱因斯坦一开始不喜欢他老师这一套美妙的数学形式，但四年之后，他认识到，要想搞广义相对论，没有闵空这套东西根本就没法往下走。爱因斯坦此时眼含泪水，想对老师说一声："闵老师，我错了。"但他已无处可说，因为老师已经去世了。

这真是：子欲养而亲不待，徒欲尊而师不在。

好了，我们化悲痛为力量，努力学习相对论，向闵老师、爱老师致敬。

现在我们要讲一个概念，这个概念是一块硬骨头，它就叫"度规"。这是通往引力波的一个拦路虎。

度规就是在一个坐标系中，用来描述一段很短的线段长度的方式，换句话说，度规就是定义在某个坐标系中度量两点之间长度的规矩。说得好抽象，其实就是在说啥是长度。你拿根棒子说很长，我反问你，凭什么说它长，长度的定义是什么？我还觉得我手中的桃子很长，因为把这桃子皮剥下来，切成细丝连起来，可以绕地球一周。当然，这是故意抬杠，目的是为了让你思考长度的定义。

我们日常生活中对长度的定义还是有共识的，只不过大多数人表达不出来，其实就是两端之间的直线距离。用数学语言表达就是，在三维欧几里得空间中，两个邻近点之间的距离就是连接两点的直线的长度。若建立笛卡尔坐标系，这两个邻近点之间的距离公式就是：$ds^2=dx_1^2+dx_2^2+dx_3^2$。这就是欧几里得空间的度规，也就是对两点之间距离进行度量的规矩；换句话说，在欧几里得空间，就是这样度量长度、度量距离的。

我们不妨思考一下，这个距离 ds 的平方正好就等于 $dx_1^2+dx_2^2+dx_3^2$，为什么其中没有 dx 乘 dy，或者 dx 乘 dz 的二次项存在呢？幸亏没有，若要有了就太麻烦了。好了，反正三维欧几里得空间的度规就是 $ds^2=dx_1^2+dx_2^2+dx_3^2$。

同样，在四维闵科夫斯基空间的度规，正是刚才讲过的事件间隔：$ds^2=dx^2+dy^2+dz^2-c^2dt^2$；也就是说，闵空中两个事件之间的距离，当然我们叫事件间隔就是用这个公式来度量的，就是闵空的度规。

大家再想一想，这个公式里为何也没有 dx 与 dy、dz 或 dt 的乘积项呢？若要再出现个 dx 乘 dt，那才叫热闹。

这样看来，三维欧空的度规与四维闵空的度规还颇为相似，都没有交叉项的存在，都是自己和自己的平方。

但两种度规有一个本质的差异，就是闵空引入了时间，这使得闵空度规中有一个时间项，而且这一项是带负号的。这使得闵空中的事件间隔 ds^2 可以是正的，也可是是负的。在欧空中这有点不可想象，距离 ds^2 怎么能是负的？可以说，狭义相对论中的各种光顾陆离、各种不可思议，都可以视作闵空或度规中的减去 c^2dt^2 在作怪。

无论如何，闵空度规还是比较简单的，没有交叉项。原因在于，它处理的是平直的时空；一旦时空弯曲，度规中就会出现交叉项，就将面临更大的挑战。

好了，刚刚经历度规洗礼的伙计们，我们要不要一起去迎接这个挑战，到广义相对论的百花园转一转，看看那弯曲的空间里一切是否平权？如果你愿意，我们走吧。

第四节　由狭入广

要想真正了解引力波，就要懂点儿广义相对论，而广义相对论又是狭义相对论的延伸。因此本节的目标是：从狭义相对论慢慢过渡到广义相对论，由狭相进入广相。由狭入广是一个令人激动的历程，从狭隘的视野进入广阔的田野，那是一种什么感觉？就是一个字——痛，痛快、痛苦，痛并快乐着。从今往后，我就把狭义相对论简称狭相，不是瞎想；把广义相对论简称广相，不是光想。"学而不思则罔，思而不学则殆"，我们不要瞎想，也不要光想，要学学狭相、学学广相。

我们刚才在讲狭相时，主要把火力放在光速不变、洛伦兹变换和闵科夫斯基空间这些概念上，一直在回避一个关键问题——狭义相对伦只是在惯性系下成立的。那么问题就来了，什么是惯性系？

这个问题好像不是很难，我们在中学就学过。一起复习一下：如果一个参考系中的物体在不受外力时，总是保持与参考系的匀速直线运动状态或相对静止状态，则这个参考系就称为惯性系。相对某个惯性系做匀速直线运动的参考系，也一定是惯性系。

与地球相固定的坐标系就是一个近似的惯性系，所以相对于地球做匀速直线运动的参照系也是惯性系。所以前面举例子的时候，总是在说火车做匀速直线运动，就是为了保持火车是一个惯性系。

狭相基于两大假设：第一是光速不变，也就是光在任何惯性系下观察都是以确定的速度c传播的，这一点已经说得很多了。还有一个假设，就是在所有惯性系中，物理定律的形式都是相同的，这称之为狭义相对性原理。

举个老前辈伽利略用的例子。伽利略说：把你们关在一条大船的甲板之下的主舱里，还让你带着几只蝴蝶，舱内还有一个大水碗，其中有几条鱼。而且，在顶上还挂着一个水瓶，让水一滴一滴地滴落到下面的一个罐子里。然后，把你们密封在船舱里，看不到船外面。你有没有办法确定船是静止的。还是在做匀速直线运动，当然假设海水是绝对平静的。

基本没有办法判断船是静止还是在匀速运动，因为静止参照系和匀速直线参照系是两个惯性系，两者的物理学定律都是一样的。其实我们坐在飞机上的感觉就是这样，只要不看窗外，根本没法判断飞机是否在运动，除非一个气流打过来，飞机颠簸了一下，才有一点异样的感觉。但气流打过来，就是破坏了飞机的匀速直线运动，这时飞机就从惯性系变成非惯性系了。

再用火车的例子。只要火车是在匀速直线行驶，车厢中的人就不会感到火车在动，即便他看着窗外，也完全可以理解为车厢是静止的，而窗外的地面和树木在向后移动。

所以伽利略早就认识到：一切惯性系都是等价的，不可能判断哪个惯性系处于绝对静止。换句话说，伽利略不认为有绝对静止空间，在这一点上，他比牛顿有眼光。而爱因斯坦正是借用了伽利略的思想，引出了狭义相对性原理：物理定律的形式在所有惯性系中都是相同的。说得更专业一些就是，一切物理学定律在洛伦兹变换下保持形式不变；当然了，这里没有考虑引力。

有人说，这有没有实验验证？有啊，刚才不是让大家坐船了吗？如果惯性系不等价，那么通过船中的物理现象的特殊性，就可以判断出船是否在运动。

说了这么多，我们把狭义相对性再更准确地表达一下：一旦在一个惯性系中通过实验和测量建立起了物理学定律，那么，在其他任何惯性系中再进行实验和测量时，可以得到数学形式完全一模一样的物理学定律。换句话说，我们无法通过某个惯性系内部的实验和测量，来区分是否与另一个惯性系发生了匀速的相对运动。宇宙中所有的惯性系都是等价的，没有哪个更优越一些、更特殊一点。读到这里，不知道狭义相对性原理是不是对你的哲学观会产生一点点影响，你是不是感觉有一点儿后现代主义？

总之，爱因斯坦以狭义相对性原理和光速不变两大假设为出发点，构建出了狭义相对论，获得了空前的成功。截至目前，实验都支持狭义相对论的各种预测，无论是尺缩效应、时间膨胀，还是质量变大，等等。

　　是啊，爱因斯坦很牛了，他除了敢于假设常人不敢假设之外，还特别擅长用脑子做实验。在构建狭义相对论的年代，只有低速运动，时钟也不够精确，所以当时的实验数据根本就不可能为新的时空理论提供支撑。但爱因斯坦的直觉特别强大，同时坚信宇宙拥有的一定是简单而优美的规律，于是他成天在脑子里做各种实验。如此一来，真正的实验对他来说反而不重要了，甚至别的物理学家的思想也不重要了，他几乎不关心别人在做什么，自己"闭门造车"，最后造出了狭义相对论。

　　狭义相对论刚一问世，因为实在颠倒众生，大家骂他是疯子，但他不以为然、自信满满；当实验验证之后，各种赞誉纷至沓来之时，他却对自己的狭义相对论极为不满。这才是真正的有个性！

　　爱因斯坦对自己的理论有两大不满，首先是它的基石有问题。刚才讲了，狭义相对论的两大假设之一是狭义相对性原理，就是在所有惯性系中，物理学定律的数学形式都是一样的。什么是惯性系呢？一个物体在不受外力时，就总是保持与参考系的匀速直线运动或相对静止状态，也就是保持惯性，这个参考系就称为惯性系。

　　大家仔细想想，惯性系的这个定义是不是有点儿问题，反正爱因斯坦觉得问题很大。他是这样说的："'古典力学'想要说明一个物体不受外力，必须证明它是惯性的；想要说明一个物体是惯性的，又必须证明它不受外力。"意思就是说，惯性系犯了循环定义的错误。

　　这话有点费解，我给大家解释一下。惯性系的定义是：一个物体在不受外力时，就总是保持与参考系的匀速直线运动或相对静止状态，这个参考系就被称为惯性系。那么，怎么判断一个物体不受外力呢？标准的回答是：若这个物体在惯性系中保持静止或匀速直线运动，它就不受外力。我又质问：什么叫惯性系呢？标准的回答是：一个物体在不受外力时，就总是保持与参考系相对静止或匀速直线运动，这个参考系就是惯性系。大家看出来了吧，不受力和惯性系相互定义，也就是循环定义，这在逻辑上是大问题。就如同我问：老李家在哪里？你说在老王家隔壁；老王家在哪里呢？你又说是在老李家隔壁。说了半天，什么信息也没有提供。

可怕的是，狭义相对论就是建立在惯性系的基础之上，一座豪华的大厦竟然建立在循环逻辑的沙滩之上，这令爱因斯坦很不安。这是豆腐渣工程，搞不好哪天就出大事了。

另一大不满意是：狭义相对论基于惯性系和狭义相对性原理，意味着该理论推导出的物理定律适用于所有惯性系，但也只适用于惯性系，或一切匀速运动的物理相对性。很狭隘的，不具有普遍性，所以有志青年爱因斯坦必须要继续努力，发誓要将相对论推广到非惯性系中去。

所谓非惯性系就是相对于某个惯性系做非匀速直线运动的参考系。你站在一个匀速运动的公交车上，这就处于惯性系，所以你悠然自得，保持自己的站姿、自己的惯性，但如果公交车突然刹车，你的优美身形是不是就要突然向前倾斜？如果没有抓紧扶手，你甚至会向前倒下。有人推你了吗？没有，那你为何丧失了刚才的优雅？因为刹车过程中的公交车不是一个惯性系了，它不再相对于地球做匀速直线运动，而是在做减速运动。同样，公交车在加速前进时，你的身体会向后倾斜，这都是常识。不过，我们以后把减速运动和加速运动都叫加速运动，就是指速度有变化的运动，我们把速度的变化率叫加速度。加速度是正的，就是加速运动，加速度是负的，就是减速运动。

在刹车或提速的公交车中，我们的身体都受到一个力，但却找不到是谁给我们施加了这个力，以至于有人会去骂司机，其实都是非惯性系的惯性力惹的祸。什么叫惯性力？比如公交车本来是匀速直线运动的，你站在车上与车相对静止，就等于你也在做匀速直线运动。你站着站着渐入佳境，完全进入到一种与路面做匀速直线运动的状态。一旦进入这个状态，你就想保持这个状态，这就叫惯性。正当惯性把你"惯"得正美的时候，路面跑过一只狗，司机突然踩刹车，也就是突然给了负的加速度，车处于减速过程之中，而你的身体正处于匀速运动的惯性状态，不想和车一同减速，那后果是啥？你的身体必然就会往前扑。谁也没有推你，是你的惯性给你一种错觉——似乎有一个推力，于是牛顿就编造了一个名词——惯性力，就是惯性力把你往前推。惯性力纯粹是假想的，其本质就是加速度，有加速度就会感受到惯性力。有加速度的参考系就是非惯性系，只有在非惯性系中才会有惯性力。

惯性力的大小取决于谁呢？司机刹车刹得越猛，也就是速度变换得越快，或者说加速度越大，惯性力就越大；再者，你的块头越大，则惯性也越大，所谓你的块头就是你的惯性质量，所以惯性力F=惯性质量m×加速度a。这不就是F=ma吗？所以惯性力和正常的力一样，都符合牛顿第二定律。是的，不过有一点区别，就是惯性力的方向与加速度的方向是反的，所以惯性力F=-ma，与正常的力方向相反。

千说万说，非惯性系就是相对于某个惯性系做加速运动的参考系。这样，为了定义非惯性系，加速度就成了一个绝对的概念，否则非惯性系就没法定义了。但马赫坚决反对有绝对的加速度，他认为加速度也是相对的。

大家还记得马赫吧，就是第五章里讲到的那匹赫赫有名的马，就是他否定了牛顿对水桶实验的解释。马赫主要是个哲学家，主张相对主义，他认为世界上一切都是相对的，哪里有什么绝对空间或绝对加速度，他这种观点严重侵蚀了爱因斯坦年轻的心灵，让爱因斯坦最终对自己的狭义相对论基石产生了怀疑。

大家想想，狭义相对论的突破性假设主要在于光速不变原理，但另外一个假设——狭义相对性原理，那是伽利略在用的，这个相对性原理只是说一切惯性系之间都是等价的、平等的，但它言下之意，非惯性系与惯性系是不一样的、不平等的。那不就等于说惯性系具有优越性吗？马赫是很反感这一点的，他连一代宗师牛顿都敢批判，更没有把一个新生代的爱因斯坦放在眼里。

可以说，马赫令小爱感到羞愧了，甚至有点恼羞成怒。结果是，爱因斯坦一不做二不休，冲冠一怒为马赫，直接就取消了惯性系的优越地位，认为"物理规律要在一切参考系里都具有相同的数学形式"。爱因斯坦疯了吗？他真的能做到吗？一切参考系啊，朋友们，这非惯性系之中可是有加速度的，这个加速度会令其内的物体受到莫名其妙的惯性力，怎么处理这个惯性力？

是啊，怎么处理？年轻的爱因斯坦也在想。

大家发现没有，在整个狭义相对论中就没有考虑过引力问题，搞的都是不受引力作用的惯性系。所以爱因斯坦就想把引力考虑进来。估计有人纳闷，为什么只考虑引力呢？小爱所在的时代，强力和弱力还没有发现，只有引力和电磁力，而我们平时所说的摩擦力、弹力等都是电磁力。狭义相对论本来就是研究电磁力的，爱因斯坦发表的原论文题目就是《论动体的电动力学》，所谓电动力学就是研究电磁现象的动力学理论。所以，小爱就想把引力纳入进来。

估计有人会说，关于引力问题牛顿已经研究得很透了，不就是万有引力定律吗？是的，爱因斯坦最初也是这样想的，但他有必要将牛顿的引力理论纳入自己的狭义相对论体系之中。

牛顿认为引力是作用在宇宙中每一对物体之间的力，一种将两个物体互相拉近的力，而且质量越大、距离越近，这个力就越大；所以万有引力公式就是 $F=\frac{Gm_1m_2}{r^2}$，也就是说两个物体之间的引力与两个物体的质量成正比，与两者之间距离平方成反比。这个公式取得了重大成功，得到众人的疯狂膜拜，这在前面说得很多了。

但爱因斯坦发现，万有引力定律与狭义相对论相冲突。怎么讲？万有引力公式是 $F=\frac{Gm_1m_2}{r^2}$，也就是说引力 F 大小要依赖于两者之间的距离 r。那么问题就来了，根据狭义相对论原理，在做相对运动的不同惯性系中，观测者所测得的距离是不一样的，就是前面讲的尺缩效应，比如在太阳表面和水星表面分别测量太阳与水星之间的距离，就会有十亿分之一的差异，若是如此，狭义相对性原理岂不完蛋？

现在就要面临一个抉择，要么抛弃万有引力定律，要么抛弃相对性原理。爱因斯坦当然抛弃了前者，"肯定是牛顿错了，我爱因斯坦还会错？"

但问题就来了，抛弃了牛顿的万有引力定律，用什么来取代它呢？而且，你小爱还想取消惯性系的优越地位，把狭义相对性原理一并消除，要去实现"物理规律在一切参考系里都具有相同的数学形式"的伟大理想，你疯了吗？此时我觉得爱因斯坦简直就是一个革命家，他要打碎一个旧世界，建立一个新秩序，一个全宇宙的新秩序。

理想很丰满，现实很骨感，小爱也愁啊，怎么办？虽然他已经创立了狭义相对论，仍然是伯尔尼专利局的小职员。他成天坐在办公室里思考，引力到底是什么东西，两个物体之间没有接触，为什么会产生吸引力呢？这个问题其实牛顿也没搞清楚，牛顿索性就认为引力是一种超距力。啥叫超距力？就是相隔一定距离的两个物体之间存在直接的、瞬时的相互作用，不需要任何传递时间。爱因斯坦觉得这很荒谬，竟然不需要任何传递时间，这传递速度不成了无限大了吗？狭义相对论将光速看作速度的极限，任何东西都不可能超过光速，你还"超距"？反正是，只要与狭相有抵触的牛顿理论，小爱一律否定，但他一定要给出另一个解释。

受到法拉第磁场概念的启发，小爱开始把引力也视作一种场，即引力场。"场"是个啥概念？就是某个物理量在空间区域中的分布。听着好抽象，我打个比方吧，大冬天从外面走入房间，觉得很暖和，那是因为房子中央有一个火炉。但是你的身体并没有接触火炉，为什么就立即感到暖和呢？按照牛顿的理念就是：炉子与你有超距作用，把温暖直接就传递过来了，而且不需要时间。按照小爱的思路是：在你没进入房间之前，这个炉子在房间中已经布下了一个温度场，你一进来，就被这个温度场作用了，所以你就暖和了。我们平时说，某个人气场很强大，也是这个意思。

回到引力场本身。在小爱看来，一个有质量的物体就会在它的周围空间布下一个引力场，它会对这个场中的另一物体发生作用，所以这不是什么超距作用，而是引力场的作用。空中的物体为何会向地面下落？因为它处于地球的引力场之中，这不难理解。

好了，从现在起，后面说引力场当然是引力场，说引力也是引力场，引力就是一种场，而不是什么超距力。

把超距的引力理解为引力场，这是一个重要进展，但如何纳入狭义相对论的体系之中呢？有一天，小爱坐在专利局大楼里又开始进行大脑实验，他突然出现了一个念头：如果我从窗户跳下去，这样就会成为一个自由落体，就感受不到自己的重量。这个大脑实验说明，自由下落物体是感受不到地球引力的，确切地说，是感受不到地球引力场的，完全处于类似宇航员失重的状态。

大家一起想象一下，我们手里拿了一块石头，然后从高楼顶部往下跳，接着将手里的石头慢慢松开，石头会与我们肩并肩地一同下落，对吧？下落的原因很简单，因为我们处于地球的引力场之中，我们和石头还具有同样的加速度，就如同比萨斜塔上同时扔下的两个不同质量的铁球。但是，如果我们的眼睛只盯着一同下落的石头，而不看周围的景物，我们就不会有下落的感觉，会觉得是在一个远离任何引力场的空间，在那里自由漂浮，一种最最自由自在的状态，没有任何牵引或羁绊。大概有朋友觉得，这大脑实验还是不行，实践是检验真理的唯一标准，我还是去亲身实践一下。打住、打住，生命高于感受那种自由。

刚才说了半天，这个大脑实验就是得出一条结论——地球引力场下的自由加速下落与没有引力场的效果是一样的，是完全等价的。这个结论挺可怕，这意味着，引力场的存在可以视作一种表观的存在，甚至可以看作一个假象，因为我们总可以选取另一个参照系，使得引力场不存在。比如我们在自由下落时，根本就感受不到地球对我们的引力。

听着很烧脑吧，这里准备用爱因斯坦脑中的电梯实验再来说明一下：想象一个非常理想的电梯，这个密封电梯里有各种实验用具和一名实验员。当电梯相对于地球静止时，电梯里的东西就会受到地球的引力，那么处于电梯半空中的物体就会落向电梯的地板，而且所有物体落向地板的加速度是一样的，等于$9.8m/s^2$，地球的重力加速度。根据电梯内这个现象，实验员可以认为：他的电梯受到了外界的引力作用，而且就是地球的引力，因为加速度正好是$9.8m/s^2$。

这时，我们突然割断电梯绳索，让其自由下落，电梯内的实验员发现原来的所有物体都失去了原有的加速度，成为失重状态，也就是引力的作用消失了，无论是铁球还是苹果，都可以自由地停留在半空中，自由自在地漂浮在那里，你不碰它，它就会保持原有的状态。这时，实验员就会认为电梯不再受到外界引力的作用。但实际情况是，电梯正在地球的引力下自由下落，不过我们不要去笑话这个实验员，因为他在密闭的电梯里，所以他只能得出那样的错误结论。

这个大脑实验告诉我们，在自由降落的参照系中，引力仿佛就消失了，换句话说，重力加速度下落可以抵消引力场。

现在，我们将这个电梯放在远离任何星体的太空之中，也就是说，其处于完全没有引力场的区域。这样，电梯内的物体就不受任何引力的作用，如果电梯是静止的，那么电梯中的人和物体都是失重的，都是自由自在的。这时，我们点燃电梯底部的火箭推进器，让电梯以加速度9.8m/s²向上运动，那么电梯中的人就会感受一个下坠的倾向，这就是惯性力。电梯一旦加速运动，就成了一个非惯性系，在这里就会出现惯性力。这时，密闭电梯中的实验员不但感受到了这个力，而且还测到这个加速度是9.8m/s²，于是他会认为电梯是受到了地球的引力。其实他是远离任何星体的，但因为他在密闭的电梯中，无法区分这到底是惯性力还是真实的引力，当然前提是这个电梯特别小。

说了半天，就是要引出一个重大结论：惯性力等价于引力。另一个等价的说法就是：加速度等价于引力场。这就是广义相对论中的等效原理。

一旦承认了等效原理，我们在第五章中讨论的为何惯性质量正好等于引力质量的问题也就迎刃而解了。惯性质量决定了惯性力，而引力质量决定了引力，而惯性力和引力是等价的，这就意味着惯性质量和引力质量也是等价的了。其实，历史的顺序是这样的，比萨斜塔上两个不同质量的铁球同时落地，就要求惯性质量必须要等于引力质量，而小爱正是基于惯性质量等于引力质量，进一步延伸到了等效原理。一旦承认了等效原理，自然就引出了惯性质量等于引力质量。这不是在烧脑子，是在绕脑。这里还要继续绕。

等效原理是广相的基本假设，需要说得稍微严格一点儿。那就是：引力场与适当的加速度系是等价的。在任何一个时空点，都可以选取适当的加速参照系，使得引力可以局部消除。

消除了引力的参考系就是惯性系。如此一来，在任何引力场中的任何一个时空点，我们总能建立一个自由下落或适当的加速参照系，在这里引力场被消除了，因此它就是惯性系，这样狭义相对论所确立的物理规律就可以成立了。

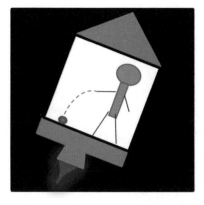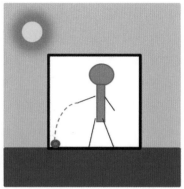

6-11 电梯思想实验：电梯里的人无法判断是在地球引力场中，
还是在加速的火箭中，两者等效

　　刚才我们总是强调局部引力场被消除，或者某个时空点的引力场被消除，这是为什么？因为我们无法用加速度系去消除一个大范围的引力场。就拿刚才的电梯来说，它受到了地球的引力，但地球不是一个平面，而是个圆球，所以在每个局域产生的引力方向都是不一样的，电梯四个角所受到的引力，在大小和方向上都不一致，因为引力都要指向地心，而且与地心的距离平方成反比。

　　举一个极端的例子，在中国上空的电梯和在美国上空的电梯，这两个电梯受到的引力都是指向地心的，所以方向正好相反，那又如何能用一个单一的加速参照系进行替换呢？所以说，每一个加速参照系只能消除一个局部的引力场，如果要消除整个地球的引力场，就需要很多很小的加速度电梯。学过微积分的朋友知道该怎么处理，没学过的就想着要用很多很局域的加速度场拼接在一起，才能消除大范围的引力场。或许有人有点儿领悟，我们在前面讲距离时，强调是临近点，将事件间隔时，也强调是临近的，而且用了很小很小的微分 ds 去表达，都是因为这个原因——引力场只能被局部消除。

　　我们再回到等效原理的另一个等价说法：惯性力相当于真实的引力，当然是在很小很小的区域。

　　好了，有了等效原理，也就是说惯性力等价于引力，那么就可以把非惯性系中出现的惯性力当作引力来考虑，也就是用引力场消除了惯性力。一旦惯性力消除了，不就和惯性系一样了吗？由此，只要用增减引力场的手段，就可以处理任何参考系中的物理问题，令惯性系失去往日的特殊地位。

于是，爱因斯坦公然提出了广义相对性原理：一切坐标系都是平等的，无论它是惯性系还是非惯性系，任何物理学规律在任何坐标系下都有相同的数学形式。当然这是他的假设，是他的信念，是他奋斗的目标。就是怀揣着个理想，爱因斯坦开启了他构建广义相对论的漫漫征程，这是一个伟大的长征，惊天地、泣鬼神、烧脑子、熬智商，一旦领悟，妙不可言，鱼和熊掌皆可抛。

第五节　爱上黎曼

　　爱因斯坦构建广义相对论的过程极其艰辛，用了八年时间。为何用了这么长时间？一则是其本身的物理目标特别宏大，要达到广义相对性的要求，要在任何坐标系中实现数学形式的等价性；再则是所用到的数学工具极其复杂艰深，已经逼近了爱因斯坦智商的临界点。好在爱因斯坦凭着执著和坚持，终于将之搞定，我觉得这里应该有掌声。若非八年坚持，哪里有引力波预测？

　　广义相对论是关于引力场的理论，因此其最大的目标就是改造牛顿的万有引力公式。在狭义相对论看来，万有引力公式最大的问题是，其分母上的距离平方会依赖于参照系的选择，不同参照系会因尺缩效应观测到不同的距离。而爱因斯坦的目标是：建立一套不依赖于参照系选择的引力方程，也就是说它在任何参照系下，无论惯性系还是非惯性系，这个引力场方程都有相同的数学形式。

　　但这个引力到底如何处理？爱因斯坦又想起了伽利略，想到了比萨斜塔，为什么两个不同质量的铁球会同时落地，就是把铁球换成金砖、银弹、铅球也会以同样的方式、同样的加速度去落地。小爱进一步又想：若在真空中斜抛一个物体，无论是煤块、木块还是豆腐块，只要抛射角一致、初速度也一样，它们画出的空间轨迹也是完全一样的抛物线，这是怎么回事？这不就说明物体在引力场的运动方式与物体本身的性质无关吗？那和谁有关？这些相同的轨迹都是在空间中划出来的，那就一定和空间的几何有关。笔者在这里说得很轻巧，其实一般人真想不到，爱因斯坦以其非凡的直觉洞察力得出判断：引力其实是一种几何效应。这个想法特别大胆，而且极具创造性，这不是仅仅靠"二"能产生的，更不是靠理性的逻辑推理所能运作的。我们现在可以通过"马后炮"式的分析去理解它。

不管抛的是什么，在引力下场都是一样的轨迹，那么这一定是时空本身被弯曲了

6-12 爱因斯坦关于引力的大胆猜想

　　大家想想，我们在中学学过的平面几何、立体几何，老师在黑板上画出一根线时，有没有说这是金线还是棉线？画出一个立方体时，有没有说这是木头块还是豆腐块？没有。为什么？因为这是数学，不与物质本身发生关系，是一种纯粹的几何。所以说，当爱因斯坦发现，各种物体在某个引力场中的轨迹线完全一样时，马上脑洞大开，觉得这就是一种几何。引力场就是浮云，这不过是一种几何效应。

　　那么斜抛物体为何会展示抛物线呢？因为时空是弯曲的，是地球的质量令周围的时空弯曲了，物体在弯曲的空间只能弯曲着走。按照这种思路，就可以解释为什么地球一直按轨道绕太阳转，因为太阳质量是地球质量的三十三万倍，把周围的时空搞得很弯，弯得地球只能绕着它转悠，乐此不疲。

　　这里不妨把前面讲过的滚床单例子再说一遍。四个人扯平一个没有摩擦力的床单，在其上滚动一个玻璃球就是匀速直线运动。现在，我们在床单中央放一个铅球，床单是不是就被压弯了？这时你再滚动一个玻璃球，它就会绕着铅球转，因为床单形成了一个弯曲的空间。我们感觉玻璃球此时在走弯曲的路线，但是对玻璃球来说，它自己就是在走直线。这是怎么回事？这里要展开一下。

就拿飞机的航线来说。十多年前，我经常在温哥华和北京两地飞来飞去，一开始我很纳闷，飞机为什么不走直线距离，老是绕着走，难道它是想多收费吗？大家可以看一眼世界地图，北京在温哥华的西侧，稍稍偏南一点儿。所以我在温哥华一上飞机，就想着飞机应该向西南方向飞才是直线距离，但发现机舱屏幕上显示，飞机是在向西北方向飞，一会儿到了阿拉斯加，一会儿又穿越了白令海峡。飞行员难道吃错药了吗？但每次回北京，都是这个航线。是不是为了避免撞机才这样？事实上，我错了，无知真可怕，飞机这是在走最短的路线。地球是圆的，地表是个弯曲的空间曲面，不是我们在地图上看到的那种平面。大家若有地球仪的话，一眼就能看明白，距离赤道越近的地球越往外鼓，距离北极、南极越近的地球表面越收缩，但投影到平面地图上后，这一点就被歪曲了。所以从温哥华起飞的飞机要向北飞，因为越往北，地球表面距离越窄小，距离越近。

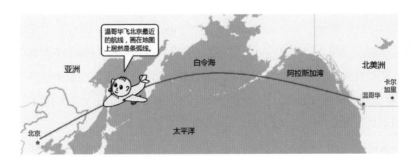

6-13 球面上两点间最短距离的轨迹，铺成平面来看是一条曲线，而不是直线

说得再确切一些。在地表上，连接温哥华和北京这两个点的曲线有无数条，走哪条线路最近呢？就是走连接这两个点的地球大圆。大圆，大大的圆。就是这两个点与地心所形成平面在地表上截出来的圆周，沿着大圆周走，就是两点之间最短的距离，对于飞行员来说这就是直线。但这条直线在二维空间的投影却成了弯曲的，所以在平面地图上就会显示出一个向北极方向弯曲的曲线。

所以，无论床单上是否放了铅球，对于滚床单的玻璃球来说，它走的都是短程线，是最短的距离。而短程线的样子是由床单的几何形状所决定的，但是床单的几何形状又是由铅球的质量所决定的。这就是质量造成了空间弯曲，空间弯曲反过来指挥物体的运动。

但是，床单只是一个二维曲面，这不过是一个生动的比喻而已，我们真正要面对的是四维时空。

一说到四维时空，大家想到了谁？是谁第一次将时间和三维空间融合为一体？将物理世界视作四维时空，是爱因斯坦的老师闵科夫斯基。现在我们又要麻烦闵老师登场了。

在三维空间，每个坐标点都表示为（x, y, z），而且经典物理学认为，三维空间的距离 $ds^2=dx_1^2+dx_2^2+dx_3^2$ 是坐标变换下的不变量，但狭义相对论将它推翻了，告诉我们会有尺缩效应，运动中的尺子长度会收缩。现在，我们拥有了闵科夫斯基引入的四维时空，每个坐标点就是（x, y, z）再加上时间 t，它代表什么？时空中的一个点，也就是有时间和地点，你说代表什么？代表时空中的一个事件，闵科夫斯基将之称为世界点，两个世界点之间的距离，也就是两个事件之间的间隔即 $ds^2=dx_1^2+dx_2^2+dx_3^2+dx_4^2$。当然这是经过闵老师调整之后的公式，恢复其原貌就是 $ds^2=dx^2+dy^2+dz^2-c^2dt^2$。这个事件间隔是洛伦兹变换下的不变量，也就说，无论在哪个惯性系下观察这个事件间隔，其数值都一样。于是闵老师将之称为绝对间隔，它就相当于三维空间中两个点的直线距离。

世界点一运动，划出一条线，这条线就叫作世界线。想象一下，四维时空中一个事件随着时间的流逝划出一条世界线，好抽象。

我举个例子，大家马上会有体会。首先我们要画一个笛卡尔坐标系，就是相互垂直的X轴、Y轴、Z轴，但是别忘了还有时间轴T。怎么画？三个互相垂直的XYZ轴，这谁都会，但要再画一个垂直于XYZ轴的T轴，这谁也不会，毕加索也不行，怎么办？我们理解多维时空的一个办法，就是将之投影在三维时空，甚至投影在二维时空。现在假设读者要么静止不动，要么沿着X轴运动，这样的话我们就没有必要在纸上画出Y轴和Z轴。明白了这一点，我们就可以在纸上画出一条横线作为X轴，再画一条垂直线作为T轴，这就是一个二维时空。而且，读者就在这个二维时空之中，你的世界点开始于原点，也就是x=0、t=0的那个点。现在开始计时，你完全静止不动，你的世界线是一个什么样的轨迹？你静止不动，是说你在空间位置上不动，所以你保持了x=0的状态，但是时间在流逝，你的世界点在时间轴上一直在行进，所以你的世界线就是那个时间轴。

现在，你要重新开始走世界线。这一回，你就不是静止在那里了，而是沿着X轴匀速地往前走，那么你的世界线是什么样的？你在X轴方向进行空间的行进，同时你在T轴方向进行时间的行进，两个综合一起，你走出的世界线就是一条斜线，一条处于X轴和T轴之间的一个斜线。这就是你的世界线。如果你不是匀速走的，而是有加速度，这个世界线就是一条曲线。如果你在二维时空中明白了这个道理，不妨再把Y轴和Z轴加进来。此时T轴就没有地方放了，你就想象时间永远指向你纸面的上方。然后，你随心所欲地在整个空间走来走去，但是时间的箭头一直指向前方。是的，世界线永远从过去走向未来，这条蜿蜒的世界线就是一个人、一个物体的整个生命史。

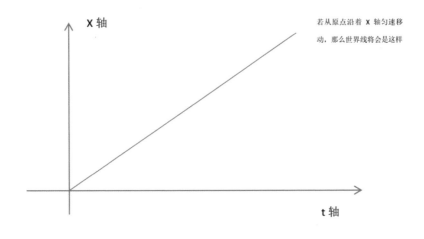

6-14 一维空间的世界线

我们现在来画地球的世界线。地球绕着太阳转，我们以太阳为坐标原点，这就相当于太阳在空间位置上没动，但它会沿着时间轴画出一个直直的世界线。而地球一方面要沿着时间走，同时还要在空间中绕着太阳转，而太阳的世界线就是时间轴；所以地球应该是以太阳的世界线为中轴，螺旋般地绕着时间轴向前行进。如果画在纸面上，就是太阳沿着向上的时间轴在走，地球环绕着时间轴螺旋式地向上走。这就是地球的世界线。

有人说，地球这样走累不累？不累。为什么？不是因为月亮妹妹在凝视着它，是因为它走的就是短程线，对它来说这是最省劲的路线。宇宙万物都不傻，都会选择最短的路径来行进，除非有外力干涉。我知道马上会有人来反驳我：地球不正是受到太阳引力干扰，才那样螺旋式地走的吗？如果你真的这样想，你已经落伍了，爱因斯坦已将引力转化成了弯曲的时空。哪里有什么引力，引力是你的错觉，其实那是弯曲的时空。地球在弯曲的时空是不受干扰的，它以最方便、最省劲的模式走了短程线，只不过在我们三维空间的人看来它走的是椭圆罢了。

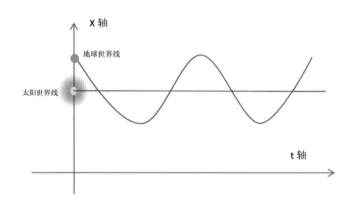

6-15 太阳和地球的世界线

读到这里，肯定有朋友恍然大悟，原来牛顿与爱因斯坦就是用两个等价的方式来刻画宇宙的规律，一个是引力，另一个是弯曲时空。真的等价吗？若果真等价，狭义相对论还会取代牛顿力学吗？引力波还会让爱因斯坦去预测吗？大家想一想，到底哪里不等价了？在闵科夫斯基空间我们明白，时间和空间已经融为一体，一旦空间弯曲，时间也必然弯曲，时空之间互相影响，这是牛顿绝对时空观所无法想象的。所以弯曲时空与牛顿引力概念的关键区别在于，时间是否与空间发生相互作用。

但是，我刚才在讲地球的世界线时，并没有脱离万有引力的枷锁，将之完全几何化。面对爱因斯坦的重大任务，就是要用一套几何的语言来替换引力。

有人会说，他老师闵科夫斯基已经给他准备好了，就是闵科夫斯基空间（下文简称"闵空"）。但闵空是闵老师为了整合狭义相对论而提出的，在狭义相对论中不考虑引力，虽然闵空增加了时间轴，但仍然是一个平直的空间，并不能描绘弯曲的时空。估计有人不解了，平直的空间里可以放入曲面，为什么不能用呢？道理是这样的，地球是圆的，地表就是个圆面、曲面。尽管可以放在平直的空间去看待它，但问题是，若让你从北京走到莫斯科，你准备怎么走？刚才我们讲过，选择大圆上的弧线。但是，按照欧氏几何就是：两点之间直线最近。难道你准备挖一个直线的地道，从紫禁城通向克里姆林宫吗？或者你从北京坐飞机去纽约，非要走平直空间的直线，就算飞行员答应你，你问问地球答应不？难道地球会为你张开一个虫洞吗？所以在这里，欧氏几何或闵氏几何都束手无策了。所以对于曲面几何，必需一个新的几何学。

对于爱因斯坦来说，要将引力转化为弯曲的四维时空，需要四维的弯曲几何，他直接就晕了，因为他数学不行。要是牛顿面临这个情况，就会直接建立一套他要用的数学体系，就如同他当年要研究变速运动，就直接建立了微积分一般。此时的小爱或许有点后悔上大学时不好好听数学课，更加怀念闵老师了。斯人已去，但同窗仍在，他就去找同班的格罗兹曼；格同学一听，脸上露出怪怪的微笑，说道："还真是刚出来了一门几何学，专门是研究弯曲空间的；不过，就凭你那数学功底，你够呛能看懂。"这格同学真是小看爱因斯坦了。现在我们知道这个新出来的几何学就是黎曼几何，是由罗巴切夫斯基、里奇、黎曼等人创立的。爱因斯坦如获至宝，回去钻研了一通黎曼几何，结果是，套不进他自己的理论，爱因斯坦果然是"够呛"。

大家想想为什么？除了爱因斯坦数学不好以外，还因为黎曼几何只是一个弯曲空间的几何，而爱因斯坦要的是弯曲时空的几何，这是不太一样的。因为时间轴毕竟和空间轴有区别，在闵空中，绝对事件间隔

是 $ds^2=dx^2+dy^2+dz^2-c^2dt^2$。也就是时间轴为这个不变量带来了一个负号，这是黎曼几何没有考虑的。因为黎曼一帮子人是为了数学的兴趣而缔造的弯曲空间的几何学，不是为相对论量身打造的，所以爱因斯坦想穿戴黎曼品牌，老是套不进去。

可以说，此时爱因斯坦的智商已经到了临界点。他在给朋友的一封信中这样写道："在我的一生中，还从来没有这样艰难地奋斗过，而且我对数学充满了敬佩，它那精妙的部分至今在我简单的头脑中还只能是一种奢望！同这个问题比起来，原先的相对性理论（狭义相对论）不过是儿童游戏。"

现在我要讲黎曼几何了，各位肯定有不理解之处。但有人说，既然爱因斯坦都穿戴不了黎曼品牌，你还讲黎曼品牌干啥？小爱最终还是穿进去了，因为他后来得到一位高人的点拨，大家可以猜猜这个人是谁。

好了，接着讲黎曼几何。首先，要明确目标，就是要把引力转化为几何效应，用弯曲时空来替代引力。我们说，越大的引力对应着越弯曲的时空，所以需要一个数学量来表达弯曲的程度。大家一定要明白，数学和物理是定量的学科，不能只说大小，要说多大多小。同时，两门学科对定义的要求极高，尤其是数学，对定义到了极其苛刻的程度。我们现在就是定义一个数学概念，让它来描绘空间弯曲的程度，它的名字就叫曲率。

对于曲率，我们还是有直观上的感觉。从最简单处开始说，比如沿着圆周走，走上一段后就会感觉到它的弯曲。那么请问，半径越大的圆弯曲得越厉害，还是半径越小的圆弯曲得越厉害？这不难回答，当然是越小的圆弯曲得越厉害。比如圆的半径只有5米，走上两三步就能感受出弯曲，但如果半径是1千米，得走上一二百米才能感到弯曲。如果圆的半径是10亿千米呢？你走完一生，都误以为是在走直线。所以古人为何以为地球是平的？就是因为地球半径太大。

好了，现在可以给出圆周的曲率定义了。大家可以先画一个圆，然后在圆周上选取两个邻近的点A和B，那么AB两点之间就夹了一段圆弧S；然后在A点和B点分别做切线，这两条切线就会相交，形成四个夹角，因为对顶角相等，所以就是两种夹角，我们现在要选取的不是对着圆弧的夹角，是另一个夹角，将它记录为θ，那么曲率就定义为夹角θ除以弧长S。我们用R来表示曲率，那么R=θ/S。大家会发现，若两个点AB弧长相等，则越大的圆夹角θ越小，说明大圆的曲率很小；相反越小的圆则夹角θ越大，说明曲率很大。如果得出相反的结论，一定是把夹角选错了，不是对着圆弧的夹角。这就是圆弧的曲率定义，它可以推广到任何平面曲线上。

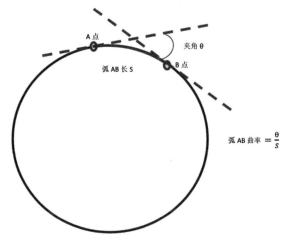

A点

夹角 θ

弧 AB 长 S

B 点

$弧\ AB\ 曲率 = \dfrac{\theta}{S}$

6-16 一维的圆弧的曲率定义

现在升一级，二维曲面的曲率咋定义？先给大家一个直观的二维曲面印象。想象一个用橡皮做的围棋盘，正常情况当然是一个平面，这时一个顽皮的孩子上去就把它弄弯曲了，这就成了一个二维曲面，棋盘上横竖的交叉线也跟着弯曲了，那这个曲面也应该有曲率，怎么定义？再想象一下立体围棋，相当于一个魔方，还是橡皮做的，正常的情况它是一个立方体，里面横竖上下的交叉线都是直的，换句话说，它是一个平直的空间。但那个顽皮的孩子又来了，把这个魔方一般的立体围棋盘弯来弯去，整个立方体三维空间就弯曲了，它也对应一个曲率，又如何定义？是不是觉得脑汁有点不够用了？但还没完，还要把魔方立方体变成四维的，而且第四个维度还是时间，这就已经超出人脑结构所能想象的了，但我们还要把它弄弯曲，然后定义它的曲率。现在明白为什么爱因斯坦都有点控制不住了。

但爱因斯坦是个有福之人，他搞不定的地方总是有人为他铺路，为他铺下通向引力波的道路。让我们沿着爱因斯坦的道路继续前进。

第六节　曲率张量

物理学家是如何研究宇宙中物体的呢？有人会说是通过观测，没错，但这是第一步。若与研究历史相类比，观测天体只是在搜集史料，但更重要的是：要基于史料提炼出规律，越深层、越普遍的规律就越牛。物理学更是如此！物理学家基于观测数值，再利用直觉洞察力和数学工具，对所研究的系统建立数学方程，这个方程就会蕴含系统的运行规律。但要建立这个方程，首先要确立其中的物理量或数学量。

现在，为了研究四维时空中物体的运动规律，建立其微分方程，首先面对的是如何描绘四维时空的弯曲程度。好在黎曼几何提供了曲率这个概念，为爱因斯坦提供了攀登的云梯。

四维时空曲率的定义我就不说了，但我要告诉大家的是，四维曲率绝不是一个普通的算式，而是一个张量。

张量是继"度规"之后需要了解的又一个抽象概念。抛开张量去谈广义相对论、引力波，那都是在说相声、玩脱口秀。要了解张量，先要了解标量和矢量。标量很简单，就是只有一个分量，比如温度。此时此刻，这个地点温度是多少，你的回答就一个数：25摄氏度。这就是标量。

矢量，就是向量，它需要多个分量。比如你在爬山，妈妈电话问你在哪里。你若要认真回答，就需要建立一个三维直角坐标系，那么你在山上就会有一个坐标值（x, y, z），然后就可以准确回答家人了。x, y, z就是三个分量的矢量，其实就是位置矢量。但这里似乎应该再加一个分量——时间t。如果你和家人不是在通电话，而是在发电子邮件，你就应该告诉家人，你在几点几分的时候，处在（x, y, z）这个空间点上。这样，我们就构成了一个新的矢量（x, y, z, t），一个四分量的矢量，这不正是闵科夫斯基空间中的事件吗？

现在要说张量了。如果说矢量有四个分量的话，张量就是 4×4 个分量的矩阵。什么是矩阵？大家见过罗马方阵吧，横看一排一排，纵看一列一列，那就是一个矩阵。其实围棋盘也是一个矩阵，横着十九根线，竖着也是十九根线，相当于一个 19×19 的矩阵。现在说的张量是 4×4 个分量，那这十六个分量是什么呢？为了讲清楚这一点，笔者在此要构建一个生动而蹩脚的例子。

比如国家委托我构建一个刻画贪官的数学模型，我想了想，贪官无非具有四大特征——酒色财气，好像普通人也是这样的。好了，我找到了酒色财气四个分量来形容贪官。有人马上就反应过来，"酒色财气"只是一个矢量，怎么搞出张量呢？

大家想一想，仅仅用"酒色财气"衡量贪官，是不是把贪官简单化了？这四个分量之间是不是会互相影响、互相作用？比如酒和色之间的关系，或者有了财，是不是就会更有机会去"色"，"色"反过来又会激发贪更多的"财"，等等，这大家都懂。

现在我们需要把它们之间的关系表达出来，用酒色来表达酒与色的关系，用色酒表达色与酒的关系，用酒财表达酒与财的关系，等等，但不要忘了，还有酒酒表达酒与酒的关系。现在要问大家：酒色财气四个分量，互相排列组合会形成多少种配对？注意是排列，不是组合，所以一共形成了4乘以4等于16个排列，但这十六个排列如何展示出来呢？是不是写成4×4的方阵形式比较直观、比较漂亮呢？好，我们按方阵的形式写出来：

6-17 "酒色财气"矩阵

　　这个方阵，确切地说，这个矩阵，就是一个张量；也就是说，张量就是一个矩阵。这是一个衡量官员贪腐程度的矩阵。在这个张量或矩阵中，很多元素是对称的，比如酒色和色酒，就是一回事儿，可以认为是相同的。我们还可以发现，对角线上的元素都是自身和自身，酒酒、色色、财财、气气。

　　为了简化，我们可以考虑把酒酒记录成酒的平方，色色就是色的平方，以此类推。这样一来，在贪官矩阵对角线上的元素就是酒^2、色^2、财^{2}和气^2。

$$
\begin{bmatrix}
酒^2 & 酒色 & 酒财 & 酒气 \\
色酒 & 色^2 & 色财 & 色气 \\
财酒 & 财色 & 财^2 & 财气 \\
气酒 & 气色 & 气财 & 气^2
\end{bmatrix}
$$

平方项矩阵

那么，怎么用这个模型去衡量一个贪官有多贪呢？当然是矩阵中的每个元素越大就越贪，但要考虑所有分量总的效应，就不太容易。因为每个分量在构成贪腐方面发挥的作用不太一样，所以权重就不一样，比如财色是不是要比财酒形成更大的腐败？所以需要配上不同的系数，来区分它们在贪腐上的贡献度。

也就是说，这里需要对腐败程度进行一个规定，也就是"度规"，这个"度规"决定了矩阵中的各个分量所给与的权重。

$$
\begin{bmatrix}
a酒^2 & b酒色 & c酒财 & d酒气 \\
e色酒 & f色^2 & g色财 & h色气 \\
j财酒 & k财色 & l财^2 & m财气 \\
n气酒 & o气色 & p气财 & q气^2
\end{bmatrix}
$$

带权重的矩阵

（a到q均为常数，不同环境常数的值不一样，常数代表每个分量在构成腐败方面发挥作用大小）

我们先看一种特殊的情况，一个平直社会中的贪官，这里的贪官很平很直，就是他们虽然也好酒色财气，但这四个分量之间不发生任何关系，贪财就是贪财，好色就是好色，二者之间不发生任何关联，也就是说就没有财色和色财这两项，或者说都等于0。而且他们的酒色财气在对贪腐的贡献方面都一样，所以权重都是1，或者说系数都是1。这就是平直空间中的贪官。如果这样的话，这个张量矩阵除了对角线以外，其他元素都成0了，而对角线的元素都是1。这就形成对角线元素都是1、其他元素都是0的矩阵。这个度规矩阵很简单，可以这样计算腐败程度：

$$
\text{"平直社会"的腐败指数} = \begin{bmatrix}
酒^2 & 0\times酒色 & 0\times酒财 & 0\times酒气 \\
0\times色酒 & 色^2 & 0\times色财 & 0\times色气 \\
0\times财酒 & 0\times财色 & 财^2 & 0\times财气 \\
0\times气酒 & 0\times气色 & 0\times气财 & 气^2
\end{bmatrix} = \begin{matrix}酒^2+色^2+\\财^2+气^2\end{matrix}
$$

平直社会的贪官矩阵

201

这个计算为什么简单，就是因为度规简单，没有出现交叉项。大家想想，如果出现了酒色、财气等交叉项，还要考虑配上不同的系数，那就太复杂了。

各位，看出来了没有，这不就是闵科夫斯基空间的度规吗？考虑到这桌大餐很多人不是一次吃完的，有必要把闵氏空间的度规再说一遍：两个事件的绝对间隔$ds^2=dx_1^2+dx_2^2+dx_3^2+dx_4^2$，恢复原貌就是$ds^2=dx^2+dy^2+dz^2-c^2dt^2$。所以闵氏空间的度规张量就是一个$4\times4$的矩阵，一个只在对角线上有元素的矩阵。

当然爱挑毛病的读者会说，酒色财气四个分量中谁在对应时间t，怎么出现负号？其实这就是个类比嘛，干吗那么认真？仔细一想，各位亲爱的读者难道没发现，这"气"还真与酒、色、财三个分量不太一样；你说爱"气"的人，好像与是不是贪官真还有一点相反的关系。真正的贪官有啥好生气的？不就是多贪少贪的事吗？只有清官才爱义愤填膺，才容易悲愤。所以对于贪腐来说，这个"气"里还蕴含了负号。

说到这里，估计会有很多人产生这样的困惑。两个事件的绝对间隔直接规定为$ds^2=dx^2+dy^2+dz^2-c^2dt^2$不就挺好的吗，为何非要把它对应到一个矩阵？而且矩阵只有对角线上有元素？是的，当年爱因斯坦也觉得闵老师是在故意玩数学游戏。但后来他明白了，一旦ds^2中出现了交叉项，不用这个矩阵，数学上就没法处理了。什么情况下会出现交叉项呢？

再次回到刚才构建的酒色财气张量。刚才探讨了平直社会中的贪官，即酒色财气之间不发生相互作用。但如果他们处在一个弯曲社会，情况就不一样了。比如某个贪官，你平时给他行贿他不收，但你请他喝酒他就来。这酒喝着喝着，越喝越投机，你再递给他大红包，他就不拒绝了。说明什么？说明酒与财之间发生相互作用了，换句话说，贪官矩阵中酒财项就不为0，出现交叉项了，一个好好的平贪直男型官员就这样被拉下水了。总之，在弯曲社会，贪官也被"弯"了进来，很多交叉项就不为0了，那时的度规矩阵就不再那么简单，不但对角线上有元素，其他位置也会出现非0元素。这些交叉项说明，贪官处于弯曲的社会，酒与色之间、酒与财之间、财与气之间都会互相影响、互相作用。

换到物理中的弯曲时空，两个事件的绝对间隔ds^2的表达式就会出现dx_1与dx_2的交叉项$dx_1 \cdot dx_2$，也会出现dx_2与dx_4的交叉项$dx_2 \cdot dx_4$等等。数学上有一个简单的表示方式，就是：

$$ds^2 = G_{\mu\nu} \, dx^\mu \, dx^\nu$$

μ和ν都是希腊字母，分别表示从1到4。为啥不用英文字母来表示呢？比如用m和n分别表示从1到4多好？这其实就是习惯，μ、ν一用，广义相对论的范儿就出来了。刚才那个表达式$ds^2 = G_{\mu\nu} dx^\mu dx^\nu$就是要让$dx_1$，$dx_2$，$dx_3$，$dx_4$全都互相乘一遍，而且还带了权重$G_{\mu\nu}$。

大家一定要牢记：弯曲的四维时空的度规张量就是一个4×4的矩阵，也就是说是个二阶张量；因为是二阶张量，所以要用两个下角标μ、ν，所以度规张量就可以表示为$G_{\mu\nu}$来表示。

说了半天，度规张量到底是什么？这是最关键的。其实它就是在一个坐标系中描述一段很短线段长度的二阶张量。换句话说：度规张量定义了一个坐标系如何度量曲线的长度。具体到三维空间，就是度量两点之间长度的规矩；具体到四维时空，就是用来衡量两个临近事件之间的间隔。

事情到了这个地步，不要忘记我们的阶段性目标是什么，就是要找到四维时空曲率。大家可以想象，四维时空曲率的数学形式是极其复杂的，复杂到我们刚才说的矩阵都没法描绘它，得是一个超级矩阵。

还记得刚才那个贪官矩阵吧。回忆一下，贪官模型为什么要搞成一个4×4的方阵，因为酒、色、财、气四个分量之间可能会有互作用，从而形成酒色、财色等交叉项。真正精于此道的读者，应该发现这个模型还是不够完善，因为矩阵中没有体现出三个分量之间发生互作用的情况，比如酒、色、财三者之间是不是也会互相激励、互相激发，出现酒色气、色财气等等。但这些元素怎么放入平面矩阵？没法放入。怎么办？可以搞出一个立方阵，就是那个魔方一般的棋盘，即$4 \times 4 \times 4$的矩阵，我们把它称作三阶张量，原来的平面矩阵是一个二阶张量。

估计有人已经在想四阶张量了，非常好。现有的矩阵元素中没有体现出酒色财气互作用的元素，所以还需要搞出一个4×4×4×4的超立方体的矩阵，这就是四阶张量。

我们用酒色财气打比方，为大家引入了二阶张量、三阶张量、四阶张量，很生动，易于接受，但心里我们必须明白这是一个比方，其实其还有很多严格的数学要求，这里就不说了。

总之，四维时空中很多物理量非常复杂，需要用张量这种形式来表达。而四维时空中的曲率正是一个四阶张量，它就叫黎曼曲率张量，以R来表示，后面还是简称为曲率张量或曲率。曲率是四阶张量，意味着它是4×4×4×4的一个超级矩阵，一共有4的4^4方个元素，就是256个元素。

这听起来实在有点儿玄乎，但我们心中对曲率就会有一个直观的感觉，它就是描绘时空弯曲程度的，这让我们心中很温暖。

虽然我们没有必要了解曲率张量是如何定义的，但有必要了解这样一个事实：曲率张量R的公式中包含了度规G；具体来说，曲率张量R完全由度规张量$G_{\mu\nu}$及其一级和二级导数所构成，因为是四阶的，所以R下面带了四个角标。导数就是变化率，在第二章中有介绍。曲率张量R就是由度规和度规的导数构成的。这也意味着，一个空间如何衡量两个邻近事件的间隔，就决定了这个时空的弯曲程度。或者简单地说，度规决定了曲率。

好了，费了九牛二虎之力，终于把四维时空的曲率张量引出来了。刚才先说了标量，就是只有一个分量，比如温度；又说了矢量，就是有一列分量，比如位置矢量（xyz），比如事件（xyzt）；再说了二阶张量，就是一个矩阵，比如度规张量；拓展到三阶张量，可以理解为一个立方阵，四阶张量可以理解为超立方阵。黎曼曲率张量就是一个四阶张量，如果它其中每一个元素都是0，说明时空是平直的。换句话说，曲率等于0，意味着时空是平直的，曲率不等于0，时空就是弯曲的。

现在笔者有一个重要的事情要宣布：张量是一个好东西，因为张量不依赖于坐标系的选择，或者说在任何参照系下都具有相同的数学形式。那又怎么了？这正是爱因斯坦对物理量的追求，满足广义相对性的要求；而曲率是一个四阶张量，说明它是空间内在的性质，并不受到坐标系选择的影响。

获得了黎曼曲率张量，是爱因斯坦在构建方程的道路上走出的重要一步。

现在有了曲率张量——一个描写时空弯曲程度的数学概念，但它同时也是一个物理量，因为是物体质量导致时空弯曲的。根据狭义相对论的一个副产品$E=mc^2$，我们晓得质量和能量其实是一个东西的两个不同状态。所以更严格地应该说，是质量和能量导致了时空弯曲。

也就是说，有多大的质量和能量，就会导致时空有多弯曲，这不正是一个等式关系吗？物理学就是要寻求反映各种规律的等式方程。那么这个预想的等式中，一侧应该是表达质量和能量的，它们是导致时空弯曲的元凶；另一侧应该是曲率张量，它是时空弯曲的体现。这个想法太美妙，太具有突破性了。

但是这里有个障碍，曲率张量是一个四阶张量，质量能量就是几个分量，怎么和高、大、上的四阶张量进行对接呢？于是爱因斯坦开始拼凑。也就是说，爱因斯坦必须要将质量和能量也写成张量形式，才有望与曲率无缝对接，否则就是牛头不对马嘴。

质量和能量属于物理学问题，所以爱因斯坦拼凑这个张量还比较顺利。我们也来瞧一瞧是怎么弄的。

首先，爱因斯坦锁定，由能量和动量来构建这个张量。能量 E 只有一个分量，而动量 p 有三个分量，因为动量等于质量乘以速度，速度就有三个分量 V_x，V_Y，V_z，所以动量 p 也有三个分量 p_x，p_Y，p_z。大家都知道，能量和动量都是守恒的，但是它俩的数值要依赖于参考系。就说能量吧，比如手上拿的手机，它的能量是多少？$E=mc^2$，也就是说，手机的能量是它的质量乘以光速的平方。但那是在你看来是这么大，另外一个坐在火车上的人在你面前飞驰而过，在他看来你的手机能量更大，因为他觉得你的手机在向后运动，所以他觉得你手机的能量是 $E=mc^2$+动能。就是说能量的大小是依赖于参照系的，这就达不到广义相对性的要求，爱因斯坦要求真正的物理量是不依赖参照系的。但是，动量也是要依赖于参照系的。

非常神奇的是，一旦我们把单独的能量 E 和三个分量的动量 p 组合在一起，就可以形成一个四维矢量，我们称之为能量动量矢量。其实这样的拼凑还是很有道理的，能量 E 表达了物体的存在，而动量表达了物体的存在状态，它俩和在一起正是表达了物体的存在和存在状态，我觉得用英语中的Being来表达特别好。

其实狭义相对论不只是将空间和时间视作了一个整体——时空，也同时将动量和能量视作一个整体——能量动量矢量，就是不知道它俩啥关系。

现在爱因斯坦猜到了是物体的存在导致了时空的弯曲，那还等什么？赶快让表达时空弯曲的曲率和表达物体存在的能量动量发生联系啊。也就是说：建立两者相等的方程。

但问题是黎曼曲率张量有$4 \times 4 \times 4 \times 4 = 256$个分量，而能量动量矢量只有四个分量，还是没法匹配，怎么办？

爱因斯坦首先对能量动量矢量拔苗助长，让它从矢量变成二阶张量，也就是从一列变成一个方阵、矩阵。怎么变？爱因斯坦借鉴电磁学，将能量密度、动量密度、能量流、动量流之类，搞出了一个4×4的矩阵，也就是说把能量动量矢量升级了，变成了能量动量张量。

但是，能量动量还只是一个二级张量，而曲率张量是个四级张量，还是不对等，怎么办？有人说再拔高能量动量张量，这个真没法拔了，再拔就拔断了。拔高这一头不行，那就打压另一头喽。

这时候，估计有人替爱因斯坦捏了一把汗，因为他数学不行啊，这另一头是曲率张量，是个很数学的东西，怎么办？这还真不用操心，早就有人给爱因斯坦递上了一个高低正好合适的枕头。

有一个叫里奇的数学家研究了黎曼几何，发现曲率张量可以进行缩并，经过一番研究，直接把四阶的曲率压缩为了二阶的张量，这个压缩后的张量就叫里奇张量。为啥能压缩，原因很"数学"，但我们用贪官矩阵就能理解，那里很多元素是对称的，比如酒色和色酒，这两个元素是一回事，就可以压缩为一个元素来表达。但需要记住一点，原本的曲率张量 R 完全由度规张量 $G_{\mu\nu}$ 及其一级和二级导数所构成，所以压缩后的里奇张量仍然是由度规张量 $G_{\mu\nu}$ 及其一级和二级导数所构成的。

回到主题，正当爱因斯坦纠结于方程无法实现对接而惶惶不可终日之时，他翻阅到了里奇的论文，大喜过望，直接就把曲率张量压缩成了里奇张量。爱因斯坦真应该好好感谢里奇，要是没有里奇，他不知道要在拼凑路上再走多久；里奇也应该感谢爱因斯坦，若广相不用这个概念，里奇张量就纯粹是个数学游戏，不会取得今天的地位。

好，至此为止，表达时空弯曲的曲率张量已经压缩为二阶的里奇张量，引起时空弯曲的质量能量也提升为二阶的能量动量张量。现在就是要寻找它俩之间的等式关系，一旦找到，广义相对论就大功告成了。

临门一脚，爱因斯坦再次遭遇强大阻力，这一回又是谁拯救了这位总是翘掉大学数学课的同学？

第七节　方程出波

物体的存在导致时空的弯曲，而物体又是以质量和能量来显示自己的存在，那么质量和能量的分布就决定了时空弯曲的程度，这样两者之间可以建立一个等式关系。听起来很抽象，其实道理很简单，甲的大小决定了乙的大小，那么甲乙之间是不是就应该有一个等式关系？一个贪官的贪污受贿额度决定了他要判多少年徒刑，那么贪污受贿的额度与判刑多少年之间，是不是就可以建立一个等式？说高大一点，就是建立一个方程。

但这里需要进行一些处理，比如受贿一百万对应判刑十年，但不能说受贿一千万元就判刑一百年，这不是一个线性的关系，是非线性的。另外受贿额度与贪污额度也不能简单相加，毕竟轻重不一样；如果再考虑到有期徒刑、无期徒刑、死刑，那就更复杂了。建立一个小小的司法判刑方程都是如此的复杂，可以想见建立时空弯曲的方程该是一个什么样的难度，是一个令爱因斯坦都感到着急的难度。

好在有黎曼、里奇等一帮数学家，在不经意中事先进行了铺垫，让爱因斯坦走向了通往巅峰的路途。具体说来，就是黎曼给出了描写时空弯曲程度的概念——曲率，它是一个四阶曲率张量，过于宏大，后来里奇将之缩并，变成了二阶里奇张量，也就是说二阶的里奇张量就足以刻画时空的弯曲。

物体存在导致时空弯曲，那物体是靠什么刷存在感？是质量和能量。但此二者无法形成一个二阶张量，这就不足以与二阶的里奇张量实现对接，于是爱因斯坦进行了一番胡拼乱凑，搞出了一个二阶的能量动量张量，这样对接就成为可能。这里准备用T来表示能量动量张量，因为是二阶的，所以T应

208

该带两个下角标。用谁当下角标？没忘吧，广相一出，μν齐上。所以就是用$T_{\mu\nu}$来表达能量动量张量。

现在我们可以说，物质的分布构成了能量动量张量$T_{\mu\nu}$，而$T_{\mu\nu}$又导致了时空弯曲，时空弯曲又可以通过里奇张量来展示。里奇张量用大写的R来表示，因为是二阶的，所以也要用两个下角标，当然也要用μ、ν，所以里奇张量就写成$R_{\mu\nu}$。

万事俱备，就差对接了，于是爱因斯坦开始行动了。我想有读者也开始对接了，不就是让里奇张量R等于能量动量张量T吗？这临门一脚的事儿，谁不会干？最多配上一个比例常数K。

是的，爱因斯坦当时也是这样想的，于是就有：

$$R_{\mu\nu}=KT_{\mu\nu}$$

等式中的$R_{\mu\nu}$就是里奇张量，$T_{\mu\nu}$就是能量动量张量。K是比例系数，其实习惯上用的是希腊字母κ（kappa），因为长得非常像英文字母K，咱们干脆就说K，不说卡帕。

我再说一遍爱因斯坦对接出来的方程：

$$R_{\mu\nu}=KT_{\mu\nu}$$

这就成功了？爱因斯坦内心狂喜不止。但通过仔细考察发现，这个方程的形式还是要依赖于坐标系的选择，并没有达到爱因斯坦最初的目标，即找到在所有参照系下都完全一样的数学方程形式。

爱因斯坦有点崩溃，他似乎觉得在黎曼几何中，或许就不存在他想要的那个玩意儿，但是他自己又搞不出来自己想要的东西。又折腾了一阵子，他妥协了，只好把现有的成果发表了。而且就用这个成果，他较好地计算出了水星近动，战胜了牛顿的万有引力定律。

如果是一般人，也就到此为止了，人生如此，夫复何求啊。但爱因斯坦不忘初心，他要建立一个不依赖于任何坐标系、任何参照系的数学方程。因为他坚信：真正的物理学定律一定具有不变的数学形式，一个在任何参照系下不变的数学形式。也就是，一定要将狭义相对性原理拓展到广义相对性原理。

1915年6月，爱因斯坦前往德国哥廷根大学做系列讲座，在这里他遇到了一个高人，就是前面让大家猜测的高人，他就是20世纪最伟大的数学家——希尔伯特。他俩见面后，爱因斯坦迫不急待地向希尔伯特介绍他的广义相对论，同时说出了他遇到的数学困难。希尔伯特听后，三言两语，便让爱因斯坦茅塞顿开。返回柏林后，他又开始鼓捣自己的那个方程，想让它脱离对参照系的依赖。

虽然爱因斯坦离开了哥廷根大学，但希尔伯特却深深地被半成品的广义相对论迷住了。他也开始进行鼓捣了。大家猜一猜，谁鼓捣得更快？有人说，爱因斯坦搞了那么多年，希尔伯特咋能一下子就上手？那没办法，人家聪明嘛，结果也就是不到半年，希尔伯特就搞出了爱因斯坦八年都没有搞出来的方程。

爱因斯坦后来也搞出来了，比希尔伯特晚了五天。这好像也有点太巧了，所以谁拥有这个方程的优先权就发生了争议。研究科学史的发现，在这半年中爱因斯坦与希尔伯特一直在通信，而且希尔伯特一直在告诉爱因斯坦：他已经搞出来了。这弄得爱因斯坦很焦虑，他废寝忘食，奋起直追。甚至，似乎有资料表明希尔伯特在公开自己的方程时，事先寄给了爱因斯坦。这事当时就有争论并延续至今。但事情是这样平息的，希尔伯特主动出来澄清："是爱因斯坦完成了广义相对论，而不是一个数学家。"是的，希尔伯特贡献的只是数学技巧，而爱因斯坦呈现的是对宇宙的洞察力，所以我们现在把这个伟大的方程称之为爱因斯坦方程。

让我们以无比崇敬的心情来瞧一瞧这个方程，看看它究竟长什么样，和爱因斯坦最初构建的方程有多大区别。原来的方程是：

$$R_{\mu\nu}=KT_{\mu\nu}$$

其中，$R_{\mu\nu}$就是里奇张量，$T_{\mu\nu}$就是能量动量张量。现在更新的方程是：

$$R_{\mu\nu} - \frac{1}{2} G_{\mu\nu} R = \frac{8\pi G}{c^4} T_{\mu\nu}$$

两相比较，就是在左侧增加了一项，让 $R_{\mu\nu}$ 再减去 $\frac{1}{2} G_{\mu\nu} R$。$g_{\mu\nu}$ 是度规张量，那 $g_{\mu\nu}$ 乘以的 R 是什么，有人应该猜出来了，它和曲率有关系。还记得吗？里奇张量 $R_{\mu\nu}$ 是从四阶的曲率张量缩并而来的，如果里奇张量 $R_{\mu\nu}$ 再缩并一下，就成 R 了。为啥这个 R 不带角标呢？因为它就是一个分量。一个分量不就是标量吗？是的，R 正是曲率标量。

左侧方程增加了这么一项，应该不是特别突兀，因为里奇张量就由度规张量 $g_{\mu\nu}$ 及其一级和二级导数所构成，现在减去 $g_{\mu\nu}$ 乘 R 的一半，也都是自家人，增增渐渐，肉反正是烂在了锅里。

有人肯定要问，减去这一项怎么了？原来的形式不更简洁、更优美吗？干吗非要减去它，搞得希尔伯特都出手了？谁要是这样问，就是忘了爱因斯坦刚才的困局了，原本的方程是简洁，但仍要依赖于参照系的选择，没有达到爱因斯坦广义相对性原理的要求。现在，一旦减去这一项，这个方程就永恒了，脱离了对参照系的依赖。也就是说，它在任何参照系下都有同样的数学形式。

让我们再来欣赏一下爱因斯坦方程：

$$R_{\mu\nu} - \frac{1}{2} G_{\mu\nu} R = \frac{8\pi G}{c^4} T_{\mu\nu}$$

我们如何来赞叹这个方程呢？我觉得所有词汇都显得那么苍白，因为这个方程里还蕴含了牛顿引力常数。方程中那个系数 $K = \frac{8\pi G}{c^4}$，其中 G 就是牛顿引力常数，就是万有引力公式中的 G。爱因斯坦方程中蕴含了牛顿引力常数，也就是爱因斯坦方程包含了牛顿方程。事实上，弱场情况下，爱因斯坦方程就会蜕化成万有引力公式，真的好神奇啊。

爱因斯坦方程经常习惯上被称之为引力场方程，但实际上方程并没有直接表达引力场的物理量，只有显示曲率的度规张量和里奇张量，还有能量动量张量，所以叫曲率方程可能更加准确，因为它是表达时空曲率与物质分布状态的方程。之所以还叫引力场方程，是因为引力这个概念太有魔性，尽管爱因斯坦已经用弯曲时空取代了它，但它留给我们的影响还是令我们挥之不去，更何况弯曲空间就是其中的物质所导致的。所以说，度规、里奇张量这些抽象的数学概念，都与我们心中的引力息息相关，所以一般还叫引力场方程，或者爱因斯坦引力场方程，或者爱因斯坦方程。

让我怎么赞美你，爱因斯坦引力场方程！笔者实在词穷，还是听听希尔伯特的博士生、量子力学的奠基人玻恩是怎么评价的："人类思考自然的最伟大壮举，哲学思辨、物理直觉和数学技巧最令人惊艳的结合。"让我们静默三秒钟，来表达对此方程的仰慕之情。一、二、三。

有人肯定会说，您太夸张了吧，不就是个方程吗？不，它是十个方程，$R_{\mu\nu}$是带下角标μ、ν的，所以是很多方程，一个二阶非线性的偏微分方程组。宇宙万物的规律都蕴含在这个方程组之中了。但大家必须注意：方程中只是蕴含着万物的规律，并未呈现出来，需要将方程解出来，才能看到其中到底有什么灵童仙子、妖魔鬼怪。

但求出通解是不可能的，只能去求特殊情况的解。微分方程无法求出的问题，笔者在《第二章科言幻语聊〈三体〉》中详细讲过，这里不再重复。

或许有读者还记得，我在《黑洞与平行宇宙》中说：宇宙的规律似乎都蕴含在了爱因斯坦方程之中，后来的人每从其中求得一个特解，都是解开了一个令人震撼的宇宙密码。这个震撼度往往令爱因斯坦本人都无法接受。

其中最有名的是：史瓦西从引力场方程中求出了黑洞，尽管爱因斯坦反对黑洞的存在，但史瓦西以史瓦西黑洞名垂青史。在史瓦西的激励下，其他科学家继续求解引力场方程，陆陆续续得出五种黑洞，直接把爱因斯坦搞疯了。这能怪谁？一旦引入弯曲时空的概念，黑洞必然会出现。包括白洞、虫洞、奇点等等，都是由曲率所形成的一种特殊类型而已。

但本节不谈这些，谈谁？引力波，这是本章的主题。新闻上老说爱因斯坦预言了引力波，他是怎么预言的，就是通过求解自己的引力场方程。刚才说那是个包含十个方程的偏微分方程组，而且是非线性的，不可能求出通解，只能在特殊情况下求解。但爱因斯坦知道自己数学不行，于是他玩了一个小把戏，将之线性化。这可以用中学的一个例子打比方。

我们在中学都学过单摆，它的运动方程就是非线性的，因为里面有sin θ这个项；但如果这个单摆摆动的幅度特别小，也就是θ特别小，那么sin θ就近似于θ了。一旦在运动方程中将sin θ换成θ，方程就线性化了，也就成了简谐运动了。但一定要注意，这个单摆的幅度一定要特别小。

好了，切换到引力场方程。它本是非线性的，如果假设这个引力场很弱，或者说时空弯曲的程度很低，那么就可以把方程线性化，这就叫弱场近似。一旦进行了这样的处理，爱因斯坦方程直接就变成波动方程了，解出来的当然就是波，也就是解的数学式子是由正弦 sin 和余弦 cos 所构成。这个波就是曲率波，一般把它叫引力波，这就是所谓的爱因斯坦预言了引力波，而且他还算出引力波是以光速来传播的。

这么大的事就这样说了，是不是太粗糙太轻浮了？那就再描述一下这个引力波的样子。它是个四极引力波。首先从解的形式看，引力波是个横波，它的震动方向与传播方向是垂直的。而且它有两种偏振，每个偏振中又有两个偏振方向，所以一共是四个偏振方向，它们之间的夹角是45°。大家脑海中是否能呈现出这样一图景：在 XY 平面上，一个空间曲率在四个方向上来回收缩，同时又将这个收缩沿着 Z 轴向前传播。这就叫四极辐射的引力波。

我们再举个例子，来形象地看看四极辐射的引力波。神话中常说，某大神是三头六臂，而这个四极辐射的引力波就是无头八臂，怎么讲？想象一个没有头的大神，但是他有八条胳膊，也就是四双胳膊，然后想象这四双胳膊都伸展开，每双胳膊都形成一条直线，是不是就呈现出四条交叉的直线？而且它们之间的夹角还是45°，就是八条胳膊均分了平面上的360°。好了，现在伸直四双胳膊的大神开始向前走了，而且还是以光速向前走；走的同时，四双胳膊还来回收缩，这就是四极辐射的大神，也就是四极辐射引力波。

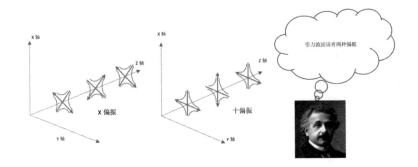

6-18 四极辐射引力波

是否能探测到这个引力波，取决于其辐射功率的大小。在其辐射功率的数学公式中，有一个分母是C的五次方。想一想，三十万的五次方是个多大的数字？而且放在分母上，导致这个辐射功率低得仿佛蚊子嗡嗡叫，怎么可能观测到？所以爱因斯坦虽然预言了引力波，却无法验证。

我们如何找到功率相对强的引力波呢？也就是要找到引力场变化特别大的情形，这就必须要请黑洞粉墨登场。

黑洞是什么？它质量极大，体积还特别小，它对周围时空会产生强大的弯曲，简直就快要把时空弯断了。换句话说，它形成的引力场特别强大。但我们还是要用弯曲时空的语言来讲，虽然有些抽象，很难想象四维时空的极度弯曲。

继续把滚床单的例子拿过来。四个人扯平一个柔韧度极强的床单，这时在床单中央放一个铅球，床单是不是就被压弯了？现在想象一下，把铅球的质量增加一百万倍，同时铅球再缩小十倍，这个床单会怎样？这个超高密度的铅球还不把床单压破了？别这样想，刚才假设这个床单的柔韧度是极高的，所以压不破，只是这个铅球会在床单上陷下去，形成一个深深的洞，而且这个洞邻近的床单也极度弯曲了。如果你在它周围的床单上滚玻璃球，这个玻璃球必然会螺旋式地落入到这个深深的洞里，再也出不来。这个深深的洞，不就是黑洞吗？床单上的黑洞。它是怎么形成的？就是因为铅球质量特别大、体积还特别小。

这个滚床单的生动类比,是笔者借鉴的,但这里要拓展一下。就是在这个床单上再放一个质量特大、体积特小的一个铅球,这样床单上就会形成两个深深的洞,对吧?它俩周围的床单都不知道被弯曲成啥样了。但只要这两个铅球不动,床单再弯曲也是静态的。

此时我们要折腾一下,我们也东施效颦,学爱因斯坦的大脑实验,在想象中让这两个铅球互相绕着对方转动,而且速度还特别快。这个景象有点壮观,你能想象出来吧?分别陷入两个深深的床单之洞的铅球,还互相绕着高速旋转,这床单能受得了?能,因为我们用的是极度柔韧的床单。但随着两个铅球高速绕动,这床单就不得不疯狂抖动。而且洞越深,转动越快,床单抖动得就越凶猛。但不是胡乱抖,是形成了一定规律的波浪式抖动,这不就是引力波吗?而这两个深深陷入的铅球就是黑洞双星系统。

所谓黑洞双星系统,就是两个黑洞互相绕着对方转。有了滚床单的经验,我们可以想象,每个黑洞在嵌入的宇宙表面形成了深坑,也就是极大的时空曲率。当黑洞互相绕着对方旋转时,两个转动坑产生出极大变化的曲率波,以光速向外传播。这两个黑洞的场子,是我们现在能想到的最强的引力场,或者说是最大曲率,那么这种曲率的变化所引发的曲率波,或者说是引力波,就可以特别特别大,这样地球上的人类就有观测到的可能性了。此番LIGO就是观测到了双黑洞合并所传来的引力波。

但两个黑洞为何会合并?大家想想,双黑互转释放引力波,那是要消耗自身能量的,也就是变化的时空曲率把能量带走了。双黑能量一降低,就保持不了那个距离,就要靠近一点。或者这样理解更容易,向外传播的引力波会对黑洞产生反冲力,就像开炮时会有后坐力一样。黑洞一被反冲,两个黑洞就会靠得更近、转得更快,这样双方就会螺旋式地慢慢落向对方。而且越是靠近,就会转得越快,放出的曲率波就越强,失去的能量就越多,最终两个黑洞以接近光速融为一体,这就是黑洞合并。

太壮观了,可惜我们都没见过,黑洞里连光都出不来,怎么可能去观测!但是,有一个东西出来就提供了这种可能,谁啊?曲率波,也就是引力波,而且这个引力波的强度还特别大,尤其是在双黑合并的瞬间超级大,这就为人类检测到引力波提供了可能性。

215

地球人到底怎么观测宇宙中传来的引力波呢？这里再展开说一下。刚才一直说引力波实际上是曲率波，是时空弯曲程度不断变化的传播，所以当它传过来后，我们的时空就会一张一弛、一松一紧。具体来说，引力波会在一个方向上拉伸，在另一个方向上挤压，拉伸和挤压是振荡的。当引力波的波峰到达时，是上下拉伸、前后挤压，当波谷来临时，就变成了上下挤压、前后拉伸，如此反复不已。这样的话，我们不就可以观测了吗？

但大家要注意，虽然黑洞合并释放了巨大强度的引力波，但是黑洞离我们太遥远了，所以当引力波传到我们这里时，其早都衰得不成样了，早已没有往日的雄风，是所谓"强弩之末，势不能穿鲁缟者也"。具体来说，两个黑洞合并所产生的引力波对地球物体所产生的变形只有物体大小的 $\frac{1}{10^{21}}$。小到这种程度，真有点让人绝望，而且已经是双黑洞合并的级别了，还怎么让科学家观测？

沧海横流，方显英雄本色；曲波渺小，偏有韦伯要测。1959年，约瑟夫·韦伯手提一根长两米的铝棒，要用它测量遥远宇宙传来的引力波。韦伯提着两米的铝棒子，要去测量曲率波，这太有画面感了，我脑海中浮现的不是堂吉诃德，而是当阳桥前喝退百万曹兵的张翼德。

韦伯是这样想的，一旦引力波袭来，就会挤压和拉伸铝棒的两端。当然这里还用到了共振原理，很复杂，我们就不深究了。10年后，即1969年6月，韦伯向全世界庄严宣布："我发现了引力波。"但是，因为其观测不具有可重复性，所以没得到承认。但韦伯作为观测引力波的先驱，获得了世人的尊敬。

大家没有承认韦伯的观测，还有一个重要原因是觉得他那个铝棒子没有灵敏到能够感受如此微弱的引力波。所以很多人开始尝试制作更好、更长的铝棒子，或者是银棒子、金箍棒之类，反正就是各种棒子。

20世纪60年代，有两个苏联人用俄语说：不要用棒子啦，那是不行的，要用干涉仪。再后来，美国人设计出了干涉仪探测器，从此棒子时代结束，激光干涉仪探测引力波的时代到来了。

此番LIGO测到引力波正是用的这种激光干涉仪，这已经说过了。

现在我要解答这样一个困惑。其实这也是我最早的困惑，就是LIGO检测到了一个信号是不假，但凭什么说这就是一个引力波带来的扰动，而不是其他噪声引起的？比如某国爆炸了一个小型核武器。尤其令我感到困惑的是，LIGO 还绘声绘色地说，这引力波是两个黑洞合并所产生的。在那一刻，我觉得 LIGO 简直就是由一帮骗子组成的，尤其是那个发言人，面露自得之色，一时分不清是翩翩风采还是骗子风采。

笔者的质疑精神特别强大，对任何观点或结论，不在乎你是多大的专家或权威，就是要看你的论证。当时为何觉得 LIGO 是骗子，理由是这样的！LIGO 宣称它发现了引力波，而且是两个黑洞合并所形成的引力波。当时觉得很扯淡，首先人类就没有直接观测到任何黑洞，因为它连光都出不来，你凭什么去观测？但有人说，我们可以观测黑洞发出的引力波，问题是引力波之前也没有观测到啊。用两个都没有观测到的东西，都是从爱因斯坦方程中解出来的东西，竟然要互相证明对方的客观存在性，这在逻辑上成立吗？

但转念一想，LIGO 绝非普通机构，而且它一宣布，好像业内认可的人还不少，既然如此，必然有其道理，值得去看看。于是我翻阅了他们发表的论文，事情原来是这样的：

LIGO 及其他机构的科学家早就在理论上构建了双黑洞合并的数学模型，然后对它俩高速环绕、最终合并的过程进行了计算机模拟，并计算出所发出引力波的波形。这个波形有其自身的特点。换句话说，如果一旦 LIGO 从宇宙获得一个信号，而且这个信号与计算机算出的波形几乎一致，它反过来就会说：这个信号就是引力波，而且是两个黑洞合并所产生的引力波。

不晓得大家是否理解这个逻辑，就再打个比方吧。我们在现实中没有见过饕餮这种怪兽，也没有见过谁能一次把两吨苹果吃完。但通过神话发现，饕餮可以一次性吃完两顿苹果，而且连苹果核都会吃进去，但会留下苹果把儿。于是我们把两顿苹果放在旷野里，来观测饕餮的出现。结果有一天，我们发现两吨苹果都没了，就只剩下了一堆苹果把儿，于是我们庄严宣布：我们观测到了饕餮，证明了饕餮的存在。就是这个逻辑。

这个推理是合理的，但有漏洞。万一麒麟也可以这样吃两吨苹果，发现饕餮的结论是不是就出问题了？所以 LIGO 发现引力波是否正确，取决于计算机模拟出来的信号是否具有极大的特殊性，特殊到非黑洞合并不可能有这种波形的程度，才能断定所接受同样波形的信号一定是引力波信号。

当然，LIGO 的科学家是有这个信心的，再说科学上的事就是带点儿朦胧感，哪里有百分百的事儿，科学不在于其正确性，而在于它可以证伪。更何况，这样一个发现的确很重大，LIGO 必须要尽快公布、抢先发表，这关系到很多世俗的事。科学是不食人间烟火的，但科学家还是要获得鼓励的。

笔者在此向 LIGO 表示祝贺，祝贺他们在人类探测引力波的历史上，做出了里程碑式的贡献。但我还有一个小小的期待，希望 LIGO 能如此这般地加以验证，那引力波的存在就更加铁定无疑了。是的，我像诗人海子一般，也有一个期待。

第八节　最后一块拼图

笔者与各位读者一路走来，由狭渐广、脱欧入闵、弯曲黎空，最后终于登上了引力场方程的最高峰。爱因斯坦将方程线性化，求解得出了引力波的预测，LIGO 张开双臂拥抱太空，最终发现了引力波。事情似乎已经圆满，大团圆结局似乎已经注定，但不省心的我却又对 LIGO 的壮举有一点点小小的质疑，还有一点点小小的期望——如果 LIGO 能像当初勒维耶预测海王星的那种方式一样观测到引力波，那才是板上钉钉，让人心悦诚服。

笔者的具体方案是这样的：首先根据间接证据，推测宇宙中某个区域有两个黑洞互相绕着对方转。也就是说，事先已经推断出在某个区域存在黑洞双星系统，并且计算出二者即将合并的时间；确切地说，应该用过去式计算出二者是何时合并的，以及合并时所释放出的引力波强度。而且 LIGO 发言人应提前向全地球人宣布：在未来的某年某月某日的几点几分，将会有一个引力波信号到达地球，而且信号的振幅和频率就是这样的。说完，把波形图一亮，样子很帅，很有范儿。从这一天起，地球人翘首以待倒计时，恭候曲率波大驾光临。

那一刻终于就要来临，各种探器，比如美国的 LIGO、意大利的 VIRGO、德国的 GEO 都已准备就绪，只等引力波前来检阅，等待时空伸缩的考验。来了，来了，就要来了！全球直播，拒绝插播广告。只见左半屏幕静静地显示 LIGO 事先预测的引力波信号的波形图，右半屏幕是倒计时，已经进到读秒阶段——5、4、3、2、1，突然间一股强势的引力波信号穿越了右半屏幕，定格，定格，定格在这里！让我们好好瞧一瞧，到底一样不一样。我们的双眼左右比对着。这左右两个波形图，无论是振幅还是频率，乃至具体的波形，都是一模一样啊，简直就是双胞胎，仿佛是克隆。LIGO，你太神了，这不是摆拍吧？此时屏幕切换到VIRGO和GEO的观测图形，几乎一样。

引力波被证实了，笔者无言以对了，虽然这也不能保证100%的找到引力波了，但至少保证99%了。好了，笔者的遐想到此为止，但我相信会有这么一天的。

此刻，或许有人意识到了，为什么只有LIGO在2015年9月14日探测到引力波信号，别的国家的探测器都在干什么呢？目前世界有四大探测器，LIGO一家就占了两个，分别设置在相距三千千米的利文斯顿和汉福德；法国和意大利联合制造的VIRGO探测器，安置在意大利的比萨；还有英国和德国联合制造的GEO600探测器，设置在德国的汉诺威。此番之所以只有LIGO的两个干涉仪探测到，是因为这两个臂长最长，都是四千米，而VIRGO是三千米，GEO只有六百米。总之，越长则灵敏度越高，因为引力波来袭时，是对臂长产生$\frac{1}{10}$的拉伸。臂长越长，拉伸幅度越大，就容易察觉。

日本目前正在建造大型探测器，印度也有这方面动作。那中国呢？也有计划，叫天琴计划，准备在天上搞。具体的计划是发射三颗卫星，相互距离几百万千米，让每颗卫星都悬浮太空，各种包裹处理后，任何外在因素都不可能对它们仨产生扰动，除非是引力波来袭。一旦三个卫星感受到它们之间的距离发生变化，那就意味着发现引力波了。天琴计划的臂长也就是卫星之间的距离，几百万千米啊。不过从2015年算起计划要用二十年才能完成，我们就慢慢地等吧。

刚刚质疑完LIGO的发现，咱们再质疑个更大的。谁啊？广义相对论本身。话说广义相对论刚出现，就遭到一个关键人物的反对——马赫。

大家已经知道，马赫认为一切运动都是相对的，在牛顿水桶实验中，他就指出，支持水面形成凹形的惯性离心力是它相对于整个宇宙中的天体转动的结果，从而点明了加速运动也是一种相对运动，而且正是这个相对的加速度，产生了类似引力的效果。年轻的爱因斯坦捧着马赫的著作，看到这个观点，受到极大的触动。他将马赫的这个观点总结为马赫原理，并以此为基础建立了广义相对论，所以他一直认为马赫是广相的先驱。

爱因斯坦为了表达对马赫的崇高敬意，在1913年特地把他广义相对论的论文寄给了马赫，并在附信中把马赫大大地恭维了一通。大家想一想，当马赫打开爱因斯坦的来信时，是一个什么样的表情？这恐怕很容易想象吧，一个物理学界已经升起的耀眼的巨星，恭恭敬敬地把马赫奉为自己理论的先驱，马赫看着这封信肯定是眉开眼笑吧。

错了，大错特错，马赫是笑了，不过是冷笑三声，心里想："少和我套近乎，你到底有没有读懂我的思想？"马赫竟然没有给爱因斯坦回信，而是在他的新著《物理光学原理》一书的序言中做了公开答复：有人说我是相对论的先驱，但我根本就不是，我根本就不承认现在的相对论。

瞧一瞧人家马老，面对递到手上的巨大荣誉，维持了自己的独立人格。因为爱因斯坦的相对论并没有达到马赫所要求的那种相对主义，它还有一个绝对的概念，那就是光速不变；马赫还认为，时空完全是某种主观的东西。这当然就太哲学了。

尽管马赫这样对待爱因斯坦，但爱因斯坦就要认为马赫是广相的先驱。两个人直接就杠上了。大概爱因斯坦就喜欢马赫这种坦诚的态度，愈发咬定马赫是先驱。

当然，马赫对相对论的反对现在看来已经很过时了。LIGO现在都发现引力波了。但这里我让一步，就算LIGO发现的的确是引力波，能不能说明广义相对论就没有问题呢？

新闻中反复说，LIGO探测到引力波，意味着广义相对论实验验证中最后一块缺失的"拼图"被填补了。这话到底啥意思，估计一般人也不太懂。但大家都听出了精神，那就是——最后一块缺失的拼图被填补，不就意味着没有缺失了吗？不就意味着完美了吗？广义相对论不就成了尽善尽美的宇宙规律了吗？

这里不得不解释一下，什么叫广义相对论的最后一块拼图。就是爱因斯坦本人和其他物理学家根据广义相对论先后提出了四个语言：第一，光线在引力场中会发生偏折；第二，光谱线在引力场中会发生红移；第三，黑洞的存在；第四，引力波的存在。前两个预言很快就得到了证实。而黑洞虽然没有直接被我们观测到，当然也无法直接观测，但是科学家已经发现了大量黑洞存在的间接证据，所以黑洞的存在性也基本达成一致。最后就剩下了引力波这个预言了，是所谓广相预言的最后一块拼图。为啥它落在了最后？因为它的信号太微弱，难以探测，所以此番LIGO的发现，的确是里程碑式的。确实可以称之为：广义相对论实验验证中最后一块缺失的"拼图"被填补了。

但大家想一想，之所以成了最后一块，还有一个最重大的原因，就是拼图本来就太少了。广义相对论一共才有四个预言，也就是说只有四块拼图，当然容易拼完整。大家有没有意识到，同一件事换一个角度来看，马上就不一样了。

再问各位一个问题：预言少的理论牛，还是预言多的理论牛？这还用说？当然是预言多的。预言越多，说明这个理论越强大，同时它得到检验的机会也越多，被证实或证伪的可能性也就随之增大。而广义相对论才四个预言，即便都被证实了，似乎也不是很给力，对吧？

如果谁还没有想通，我这样来说，如果当时广义相对论只能预言光线在引力场中会发生偏折，而且马上就得到了验证，那能不能说广义相对论早就彻底讲得通了？更早获得完全确认了？当然不是。如果是的话，没做任何预言的理论岂不成了最完美的了？试想想，如果广义相对论能做一百个预言，现在已经证实了八十个，那是否要比四个预言全都被证实强得多？

广义相对论的预言为什么那么少？绝不是因为广义相对论不厉害，是因为引力场方程太难求解，各种规律蕴含在其中，还没有暴露在我们面前。再加上实验物理学家由于技术条件所限，跟不上广义相对论的各种高端要求。

相关的实验数据越少，就意味着相关的理论越容易拼凑。这个不难理解，去拼凑一个解释三四个实验数据的理论要比拼凑一个解释一百个实验数据的理论要容易得多。

所以，自从爱因斯坦拼凑成功广义相对论之后，就有人跟风拼凑新的引力理论。其中最为著名的有BRANS-DICKE的标量-张量理论，WILL-NORDTVEDT的矢量-张量理论，LIGHTMAN-LEE的双度规理论等。

那么爱因斯坦的广义相对论与这三个理论相比，谁更厉害？就看谁的预言更符合实验观测。但现在的问题是，实验观测数据太少，凡是已经观测到的，这四个理论都可以解释，包括都预言了引力波。那四个理论有啥区别呢？就是用了不同的度规，即度量的规矩不一样。这导致很多预言在数据上有差异，但目前的实验观测没法去鉴定这种区别。

这里就用光线偏折的例子来说。首先，必须要说明一下，光会在引力下发生弯曲并非爱因斯坦的首创。早在1704年，持有光微粒说的牛顿就指出，大质量物体会令光线弯曲。为什么？万有引力啊。后来有人根据牛顿理论算出光线经过太阳边缘会有0.875角秒的偏折，而爱因斯坦用广义相对论算出的是1.74角秒。差别好大，我们是不是有好戏看了？再后来，到了20世纪60年代，刚才说的BRANS-DICKE的标量-张量理论也预言了光线弯曲，而且计算出这个偏折是1.6角秒，与爱因斯坦的1.74角秒也是有差别的。

到底谁正确，是骡子是马拉出来遛遛。可以说天文学家这么多年来不断地改进技术和方法，对经过太阳边缘的光线反复进行观测，目前最新的实验观测结果是1.66角秒。有人会说都不吻合，但实验观测总是有误差的，这个结果数值的误差是在正负0.18之间，也就是说，只要落在1.48-1.84角秒范围内的理论预测，都是符合实验观测的。这样牛顿的0.875角秒就彻底出局了，而爱因斯坦的1.74角秒和BRANS-DICKE的1.6角秒都落在了误差范围之内。这两个理论谁更胜一筹，就要等待更加精确的实验手段和观测数据了。

总之，科学没有止境，千万别把里程碑当终点。

听到这里，有人会说，既然四大理论旗鼓相当，为啥爱因斯坦人人皆知、广义相对论光照环宇，而那三个理论怎么就没听说过？原因很简单，因为爱因斯坦是首发，后面是跟风的。正如黑格尔所云：第一个把女人比作花的是天才，第二个把女人比作花的是庸才，第三个就是蠢才。当然黑格尔这话说得太过分，但话糙理不糙，主要理解其中的精神。其实人家那三个理论也是非常厉害的，只不过就目前来说，尚不能与爱因斯坦的广义相对论相媲美。

爱因斯坦在人类历史上，第一次提出时空可以弯曲，这种石破天惊、脑洞狂开的理论，要想超越他绝非易事。而且他认为引力波就是曲率波，也就是说是时空弯曲的涟漪，这对整个物理乃至哲学都有巨大的冲击。大家想想，物体会导致时空弯曲，不就等于说物体与时空发生互作用了吗？那么时空本身是不是也应该被看作是一种物质，否则怎么会互作用？

我们完全可以将空间视作一种弹性介质，会随着物质的存在而弯曲。若果然如此，具有弹性的空间一旦某个局部遭到弯曲，就会有反弹恢复原状的趋势。这个局部在弯曲和反弹的过程中，就会带动周围的局域空间发生弯曲和反弹，并将这种状态传递下去，这不正是曲率波吗？如果真能这样理解，所谓的曲率波或引力波，就可以归结到最正常的机械波了。如果再"二"一点的话，我们完全可以将空间本身视作以太，就是空间这个以太充当了振动、传播的介质。天呐，以太竟然死灰复燃了，我这一向拿经典物理开涮的人，竟然悄然地回归经典了。

大家注意没有，我刚才故意在说将空间视作弹性介质，而没有说时空，原因是这样好理解一点。现在将我刚才的话推广到时空，那就是时空是曲率波的介质，可以将时空视作经典物理中的以太。以太这种神奇的物质，多少物理学家为寻找它耗尽青春年华，踏破铁鞋无觅处，原来以太是时空。

总之，广义相对论的弯曲时空，令我们可以认为时间和空间也是一种物质，这别说会撼动物理学家，估计哲学家都哭了。好在，现在很多研究哲学的不了解相对论，更不知道物理学最前沿的进展，所以也不会哭。

爱因斯坦虽然极度伟大，但他深深地明白人类距离终极真理还非常遥远。事实上，爱因斯坦的广义相对论只考虑了时空的弯曲，并没有考虑时空的扭曲，也就是只考虑了曲率，没有考虑挠率。另外，不只是物质质量在影响时空的几何，自旋也在影响时空的几何，这都是爱因斯坦没有考虑的。

如此说来，爱因斯坦方程只是某种特殊情况下成立的方程，它只是某个更普遍方程的蜕化，就如同牛顿万有引力定律是弱场蜕化下的爱因斯坦方程一般。说得更具体一些，一个更普遍的方程不但要考虑质量和曲率，还应该考虑自旋和挠率。而爱因斯坦方程只不过是这个方程的一个投影而已，或者说是这个方程的一种特殊情况。这一点，我们在下一章再做展开。

本章虽然结束了，但相对论和引力波并没有结束，它们将伴随人类走向未来，未来弯曲的时空，还有遥远过去的绝响。

第七章

欠『挠』的广义相对论

Chapter
seven

第一节　黄金的诞生：中子星合并

一、引子

宇宙最近有点烦，各种合并乱发生。先是四对黑洞合并了，然后又是一对中子星合并，就连平时毫不关心科学的人们都开始谈起了引力波，开始畅想时空的涟漪。尤其是这回中子星合并，据说还造出了大量黄金，大量到相当于三百个地球的黄金，竟然导致当日全球黄金价格跳水。

这边是金价跳水，另一边是广义相对论行情暴涨。

新闻中早就说过，LIGO、VIRGO探测到引力波，意味着广义相对论实验验证中最后一块缺失的"拼图"被填补了。此前的双黑洞合并其引力波才持续了一秒，而此番的双中子星合并，所产生的引力波持续了一百秒，更加真实地确认了：我们真的听到了引力波。爱因斯坦在广义相对论中不但预言了引力波，还说引力波的速度就是光速，这用双黑洞合并是验证不了的，因为黑洞太黑光都出不来。但此番双中子星合并，不但引力波出来了，到达了地球，而且合并所产生的伽马射线暴及其他电磁波信号紧跟着到达了地球，几乎就是前后脚，说明了这引力波果然是光速。双中子星合并产生的引力波、电磁波同时到达地球，爱因斯坦在九泉之下都想说：我咋就那么牛呢？

广义相对论现在是如日中天，不缺赞、不欠捧，甚至也不欠骂，早有马赫痛批之，那欠啥——欠挠，需要被挠一挠。广义相对论自诞生至今已有一百多年（1915年完成，1916年正式发表）。现在有点儿痒了，需要扭一扭、挠一挠。此番，笔者就主要讲广义相对论欠挠的事，这是个大事。

二、黄金的诞生

在谈大事前，先说说大家都很好奇的小事，就是中子星合并产生黄金的事。为啥非要中子星合并才能产生黄金？这就要先说中子星从哪里来。中子星从恒星中来。恒星又从哪里来？恒星诞生于巨大的星云。星云中的物质又稀又薄，所以它们想抱团，把自己搞得稠一点儿，就借着万有引力往一起聚集，越是收缩，其中的温度就越高，等高到一千万摄氏度，核聚变就发生了，恒星也就诞生了。恒星先是把两个氢原子聚变成一个氦原子，再把三个氦原子聚变成一个碳原子。如此类推，这些聚变反应会生成越来越重的元素；当聚变到铁时，就聚不动了。为什么？温度达不到。

所以靠恒星内部的核聚变，最多就只能造出铁，不可能产生更重的元素。铁的原子序数才二十六，黄金的原子序数是七十九，差得老远。你别看太阳金灿灿的，多么炽热的大熔炉，但它就造不出黄金，因为温度不够高，就那么一两亿的温度，能聚合点碳就不错了，铁都难，更别说黄金。要不怎么说黄金珍贵呢？

比太阳质量大得多的恒星，在临终前会发生超新星爆炸，其外壳就向外爆发了，而其内部在引力的作用下，开始急剧内缩。本来缩到一定程度，原子之间距离很近了，电磁力应该起作用互相排斥；但是这大个头的恒星，质量特别大，所以内缩力特别厉害，厉害到能把电子压进原子核，直接就和质子结合，干脆变成中子了。中子不带电，哪里还有电磁力？恒星若是内缩到这种程度，那就变成了中子星。

说来这中子星也是先有假说，后来才被科学家观测到。其实，就连中子也是先有假说，后来才被科学家发现的。物理假说往往是走在实验验证的前面，各种预言在物理中是常态，只不过我们熟悉的往往都是成功的预言。

大家注意，中子星其实不全是中子，它分成三层，核心层压力实在太大，被压成了超子（由比中子更重的超子组成）；中间层则由自由中子组成，而表层多是质子、电子、中微子。这中子星全靠引力相互作用结合在一起。

讲到这里，就必须要把质子和中子的关系交代一下。中子和质子之间为什么可以互相转化呢？按照物理学家费米的说法，那就是：中子和质子就是同一种粒子的两个不同的量子状态。

当一个中子转变成一个质子时，就会放出一个电子和一个中微子，这就是为什么中子星的表面基本就成了质子、电子和中微子。因为中子这家伙不老实，除非有极强的束缚，否则它老想衰变成质子。为什么呢？因为中子不带电，谁不想来点儿电？所以中子就老想衰变。也可以这样理解，中子内部本来就憋着一个质子和一个电子，憋得难受，所以一有机会就衰变成质子和电子。

反过来说，一旦束缚特别大，比如在引力超大的时候，电子还能被压到质子之中，最后又变成中子。反正是中子和质子之间可以互变。但大家必须要注意，对于某个原子来说，一旦其中的一个质子转化为中子，原子序数就会减一，而一个中子转化为质子，原子序数会加一。

那又怎样？原子序数的变化，意味着元素就不一样了。所谓原子序数就是原子内部所含的质子数。一个原子是什么元素，是由它含有多少个质子决定的，与所含中子数量无关。氢之所以为氢，因为其原子核中只有一个质子；氦之所以为氦，因其核内有两个质子；铁之所以为铁，因为它核内有二十六个质子；白银之所以为白银，因为它有四十七个质子；黄金之所以为黄金，因为其核中有七十九个质子。

说到这里，一定有读者脑洞大开了：既然这样，我们可以来人造黄金嘛，比如往铁原子核里添加质子，79减去26等于53，每个铁原子核给它添加五十三个质子，再搭配些中子，不就直接化铁成金了吗？反正质子又不贵。是的，的确可以，问题是怎么往里添加质子。

质子是带正电的，一旦核内已经有了质子，再往里添加质子时，就会遭到强大的库伦排斥力，是所谓同性相斥。如果非要拉郎配，那就需要这个质子以特别快的速度向原子核冲过去，突破库伦力的排斥，一旦突破，两个质子足够接近时，它俩突然就不排斥，而是互相吸引了。怎么回事？原来，当两个核子接近到一定程度时，另一种力就开始发生作用了，那就是强力（Strong Force）。这个强力是一种互相吸引的力，是一种短程力，只有在极短的距离才会发生作用，但作用力特别强大，比产生排斥作用的电磁力强大得多，所以就把库伦排斥力给压制住了。一旦两者距离小得太过分，要达到肌肤之亲时，强力又会表现为斥力，从而阻止质子与质子、中子与中子、质子与中子之间发生合并。强力之妙，妙不可言。

现在我们明白了，要想给原子核中添加更多的质子，让它变为序号更大的元素，最好就是变成七十九号元素，向核内添加质子。但要想质子添进去，这个质子的速度就要特别快，才突破库伦力的封锁线。而且越重的原子核，其内部质子数也就越多，所以其库伦排斥力也就越大，想要进入其中的质子就需要更大、更猛的速度。

这些质子、中子的速度都是微观概念，其宏观对应就是温度。以太阳的温度，最多也就一两亿摄氏度，所对应的质子和中子的速度就不够快，也就能拼凑到碳原子核的质子数，最多也就是冲破阻力，拼凑二十六个质子抱团，就铁到头了，距离黄金七十九还是遥遥无期。

炼金需要多高的温度呢？也就是一万亿摄氏度吧，谁能够提供更高的温度、更快的速度，让黄金在宇宙中诞生呢？

早期的宇宙很贫乏，只有氢、氦、锂这些很轻的元素，随着恒星内部的核聚变反应，才诞生出较重的元素，但最多重到老铁。要想有更重、更贵重的元素，就需要更高的温度。

而两个中子星的合并，是一个非常疯狂的过程，所产生的温度能高达一万亿摄氏度。想象一下，有两颗很酷的中子星围绕一个中心旋转，此所谓双中子星系统；因为它俩在旋转过程中会不断释放引力波，导致整个系统的能量降低，所以轨道在不断缩小，最终就合并撞在一起了。变成什么了呢？或许是一个更大的中子星，更可能是一个黑洞。

但此刻我们并不关心它的结局，我们看到在它俩合并的一刹那，各种猛烈撞击，一些中子星的碎块抛射了出来，在距离几十千米之外形成了一大团，这一大团里最初大部分是中子，少部分是质子。这一大团的温度就高达一万亿摄氏度，所以其中质子和中子左冲右突，速度极其猛烈，小小的电磁力根本就无法阻挡它们之间的抱团组合，所以中子和质子们纷纷冲破电磁力的排斥，足以接近到让强力发挥作用，也就是说大量的中子和少量的质子捆绑在了一起。

因为，这一大团已经从中子星中独立了出来，所以密度极大地降低了，降低到与太阳的密度相当。所以其中的中子不再受到之前过高的引力作用，没有那么大的束缚，它就不老实了，尤其是看到自己和很多其他中子捆绑在一起，就更渴望变成质子，于是有许多捆在一起的中子就纷纷释放电子，将自己衰变成了质子。也就是说，捆在一起的核子中质子的数量越来越多，一旦质子数量达到七十九，这个原子核就变成黄金了，欠一个就变成铂金了（铂Pt 78），欠三十二个就变成白银了（Ag 47）。随后这些金银铂就向宇宙各处扩散开去。

此时此时，戴着金银饰品的朋友们，是不是下意识地看了看你的金戒指、金项链、金手链，不由地在想，这个戒指中的黄金，是宇宙中哪一次中子星合并所产生的呢？那个项链中的黄金，或许是另一次中子星合并所诞生的。真是没想到，这金链子里还蕴含着宇宙壮怀激烈的故事，以后再看到黄金，心中应该不只是一个货币感，还应该有一种双星感，两个相互盘绕的双星，越绕越近。

好了不说了，总之，黄金很珍贵，那是中子星用自己致密的身躯所锻造的。

三、广义相对论缺挠

我们把黄金说得挺热闹，但广义相对论还痒痒着呢！我们该给它挠一挠了。

伟大的爱因斯坦深深地明白：人类距离终极真理还非常遥远。如前所述，爱因斯坦的广相只考虑了时空的弯曲，没有考虑时空的扭曲，也就是只考虑了曲率，没有考虑挠率。考虑了挠率的引力理论，被称之为有挠引力理论（MAG，度规联络引力），那要比广义相对论复杂得多。

既然广义相对论那么成功了，为何还要去搞有挠的引力理论呢？换句话说，时空真的有"扭曲"、有"挠"吗？理论上推测，不仅质量（由此派生出来的能量动量张量）影响时空几何，自旋也影响时空几何，这是爱因斯坦先生所没有考虑到的。说得更学术一些，物质是由质量和自旋来表示的，所以物质能量动量张量密度和自旋密度共同决定了时空结构。而广相只考虑了物质的能量动量张量，没有考虑自旋，所以说广义相对论应该是不完备的。

时空的挠率有两个来源：一是基本粒子的自旋，二是宏观物体的转动。也就是说，物质不仅使得时空弯曲，还使得时空扭曲。

所以有必要构建考虑时空扭曲的引力理论，来完善只考虑时空弯曲的广相。具体如何操作呢？我们首先要先了解广义相对论本身是如何描绘引力的。

四、广义相对论简介

注意，这里只是简单介绍一下广义相对论，可以说是对上一章"引力波与相对论"的压缩版。

想当年，爱因斯坦为了强行解释迈克尔逊-莫雷的实验结果，悍然提出光速不变的假设，使得时间和空间会发生相互作用，从而必须将时空视作一个整体，提出四维时空的概念，从而建立了狭义相对论，获得巨大成功。但爱因斯坦对之很不满意，因为狭义相对论是基于惯性系的，这就意味着该理论所推导出的物理定律只适用于不受引力作用的惯性系，要不怎么叫狭义相对论呢？所以爱因斯坦发誓要将相对论推广到非惯性系中，也就是要将引力纳入进来。

过去引力规律是被牛顿的万有引力定律所主宰，但它与狭义相对论发生了冲突，所以爱因斯坦必须发展出新的引力理论，去实现"物理规律在一切参考系里都具有相同数学形式"的伟大理想。

正是基于这个梦想，爱因斯坦提出了广义相对性原理：一切坐标系都是平等的，无论它是惯性系还是非惯性系，任何物理学规律在任何坐标系下都有相同的数学形式。

所以，爱因斯坦的目标是：建立一套这样的引力方程，它在任何参照系下，无论是惯性系还是非惯性系，都有相同的数学形式。

经过一番思考，爱因斯坦猛然明白：物体在引力场的运动方式与物体本身的性质无关，只与空间的几何有关。斜抛物体为何会展示抛物线？因为时空是弯曲的，是地球的质量令周围的时空弯曲了，物体在弯曲的空间只能弯曲着走。

既然爱因斯坦认为是弯曲时空导致了物体的种种运动，那么他首先要面对的是如何描绘这个四维时空的弯曲程度。这在数学上难度非常大，好在有数学家黎曼提前为他准备了黎曼几何，用曲率来刻画空间的弯曲程度。四维时空曲率是一个四阶张量，要用一个 $4 \times 4 \times 4 \times 4$ 的超级矩阵来表达，一共包含二百五十六个元素，其复杂程度由此可见一斑。我们姑且将之记作 R，一个需要四个角标的 R。

虽然张量很烦人，但张量有一个大优点：它不依赖于坐标系的选择，或者说它在任何参照系下都具有相同的数学形式。这正是爱因斯坦对物理量的追求。而时空曲率是一个四阶张量，更说明它是时空的内在性质，描绘了时空的弯曲程度，并不受到坐标系选择的影响。

大物理学家就是要基于观测数值，再利用直觉洞察力和数学工具，对所研究的系统建立数学方程，这个方程将会蕴含系统的运行规律。现在的思路是，物体的存在导致了时空的弯曲，而物体又是以质量和能量来显示自己的存在，那么质量和能量的分布就决定了时空弯曲的程度，这样两者之间可以建立一个等式关系。

在这个预想的等式中，一侧应该是表达质量和能量的，另一侧应该是曲率张量，它是时空弯曲的体现。但这里有个障碍，曲率张量是一个四阶张量，必须要将质量和能量也写成张量形式，才有望与曲率无缝对接。最终，爱因斯坦搞出了一个 4×4 的矩阵，也就是把能量动量矢量升级成为二阶的能量动量张量。

但是，这个二级张量仍然无法与四阶的曲率张量对接，于是爱因斯坦又利用里奇的成果，将四阶的曲率压缩为二阶的张量，把这个表达曲率的二阶张量称之为里奇张量。至此为止，表达时空弯曲的曲率张量已经压缩为二阶的里奇张量，引起时空弯曲的质量能量也提升为了二阶的能量动量张量。现在就是要寻找它俩之间的等式关系，一旦找到，广义相对论就大功告成。

临门一脚，爱因斯坦再次遭遇强大阻力，幸有数学大鳄希尔伯特出手相助，终于大功告成，这个伟大的方程就是：

$$R_{\mu\nu} - \frac{1}{2} G_{\mu\nu} R = \frac{8\pi G}{c^4} T_{\mu\nu}$$

它就是引力场方程（或称爱因斯坦方程），但实际上在方程中并没有直接表达引力场的物理量，只有显示曲率的度规张量 $G_{\mu\nu}$、里奇张量 $R_{\mu\nu}$、曲率标量 R，还有能量动量张量 $T_{\mu\nu}$，所以我觉得叫曲率方程更加准确。之所以还叫引力场方程，是因为引力这个概念令我们挥之不去。

宇宙万物的规律都蕴含在了这个方程组之中了。但求出通解是不可能的，只能去求特解。

爱因斯坦就是通过求解自己的引力场方程，预言了引力波的存在。运用了所谓弱场近似的方式，将自己的方程直接就变成波动方程了，意味着其方程解是正弦sin和余弦cos所构成，这个解就是曲率波，也就是所谓的引力波。这就是传说中的爱因斯坦预言了引力波，而且还算出了引力波就是以光速来传播的。此番双中子星合并所产生的引力波和电磁信号几乎同时抵达地球，说明引力波与电磁信号一样，都以光速进行传播，证实了爱因斯坦的预言。

五、再说广义相对论缺挠

于是乎，广义相对论如日中天，不可一世，仿佛是宇宙中的至真至善的真理。但广义相对论真的很痒痒，因为它欠挠。

时空不只有弯曲，还有扭曲，宏观物体的转动和基本粒子的自旋都会对空间造成扭曲。既然如此，我们至今为何没有发现广相与观测值的差异呢？因为时空扭曲的程度很低，也就是挠率很微小，使得测量观测挠率的直接效应还不太可能，因为稍微一丁点背景干扰，都能将可能的挠率覆盖。这正是广义相对论至今具有生命力的原因。这就好比牛顿时代，我们所研究物体的速度都很低，根本无法研究测量接近光速物体的质量、长度、时间等的变化，所以就没有察觉出牛顿力学的错误。

所以现在的物理学家就不会再犯过去那种幼稚的错误，认为某某理论已经是终极的了，或者认为物理大厦已经落成。他们不会等到实验和观测已经严重挑战广义相对论的时候，才去缔造替代它的理论，而是早早地就着手了，去搞那种考虑扭曲时空的引力理论，就是所谓有挠理论。

第二节　广义相对论的替代理论

一、有挠理论

可以想象，有挠理论要比广义相对论复杂多了，我在这里简单介绍一下。

首先，我们用曲率刻画了时空的弯曲程度，是物质的质量和能量造成的，而用挠率刻画时空的扭曲程度，是自旋造成的。

这样，有挠理论的引力方程思路就必然是：时空曲率与挠率由场源物质的能量动量张量和自旋张量共同决定。一看就比广义相对论复杂得多。

刚才我们说到，广义相对论虽然很成功，但只考虑了曲率，没有考虑挠率，只想着物质的质量会令时空弯曲，但没想到基本粒子的自旋还会令时空扭曲，这必然会令广相是一个不完备的理论。

哪里有不完备，哪里就是机会。早有一帮子物理学家提前下手，去构建考虑扭曲的引力理论，也就是要把刻画时空扭曲的挠率也纳入到引力场方程之中。大概是好多物理学家都觉得广义相对论已经是瘙痒不堪了，所以去挠痒痒的人还不少，这人一多，就开始胡挠了，挠出了好多理论，反正都是有挠的引力理论，反正都需要两个方程才能表达。

虽然多，但总的来说可以分为两大流派：一种认为，是由爱因斯坦方程与杨振宁方程共同组成的，前者就是表达曲率与质量关系的广义相对论引力场方程，后者就是表达挠率与自旋关系的方程，也就是所谓的"杨振宁方程"，具体方程的数学形式这里就不呈现了。但我们隐约感觉到杨振宁这人也牛得很，动不动就和爱因斯坦相提并论，关于此人在物理学界的地位，实在是超重量级的。

接着讲有挠理论的另一个流派：这个流派想问题更加深刻，竟然认为质量在同时影响曲率和挠率，而自旋也在同时影响曲率和挠率。这样的话，曲率和挠率就会发生组合效应，就会产生这样两种方程：

方程1：时空曲率与挠率的第一种组合 = 物质能量动量张量

方程2：时空曲率与挠率的第二种组合 = 物质自旋张量

第二个流派显然更有档次，但也更复杂。

综上简单地说，质量导致时空的弯曲，自旋导致时空的扭曲；曲率刻画时空弯曲，挠率刻画时空扭曲。只有同时考虑质量和自旋的有挠引力理论才是对宇宙更正确的描绘。

总之，科学没有止境。就是有一千个实验结果都与某个理论的预言相吻合，但也无法完全证实这个理论，只要再来一个实验，其结果与该理论相背离，那么这个理论就可能被推翻。科学就是科学，它是一个可以被证伪的理论，一个在质疑和否定中前进的科学。

即便伟大如广义相对论，也难逃被质疑的命运，即便在引力波已经探测到了的今天。如果我们的仪器更精密一些的话，或许LIGO、VIRGO探测到的引力波的波形就能发现"挠"。

二、BRANS-DICKE理论

其实，即便不考虑时空扭曲，广相也在面临其他引力理论的挑战。比如BRANS-DICKE理论就是一个可以替代广义相对论的引力理论，它也没有考虑挠率，它也预言了引力波。简单地说，凡是广义相对论能干的事儿，它也能干。两者在某些可观测量的计算值上是不一样的，但以目前实验观测的精确度，我们无法断定谁对谁错。这个理论的完整名字是BRANS-DICKE标量-张量理论。我们在这里不妨将广义相对论与BRANS-DICKE标量-张量理论做一个对比。

236

我们再次隆重展示一下广义相对论中的引力场方程，或称爱因斯坦方程：

$$R_{\mu\nu} - \frac{1}{2} G_{\mu\nu} R = \frac{8\pi G}{c^4} T_{\mu\nu}$$

再次欣赏一下它的气质。这个方程状貌相当惊艳，左侧是：时空曲率的组合（其中的度规张量 $G_{\mu\nu}$、里奇张量 $R_{\mu\nu}$ 和曲率标量 R 都是表达时空弯曲程度的，也就是表示曲率的），右侧是：系数乘以物质能量动量张量 $T_{\mu\nu}$，前面的系数中含有万有引力常数 G 和光速 c。该方程非常直观地显示出，物体的存在导致了时空的弯曲，而物体又是以质量和能量来显示自己的存在的，那么质量和能量的分布就决定了时空弯曲的程度，这样两者之间就建立了一个等式关系。

而在BRANS-DICKE理论中，不只是有物质能量动量张量，还引入了一个标量场Φ，难怪称之为BRANS-DICKE标量-张量理论。我们不妨先欣赏这个标量-张量的引力场方程：

$$R_{\mu\nu} - \frac{1}{2} G_{\mu\nu} R = -\frac{8\pi}{\Phi} \left(T_{(M)\mu\nu} + T_{(\Phi)\mu\nu} \right)$$

显然，我们看到，方程左侧与爱因斯坦方程一样，依然是时空曲率的组合，而右侧是系数乘以（物质能量动量张量+Φ场能量动量张量）。这意味着，BRANS-DICKE认为，是物质质量和标量场Φ共同令时空弯曲，当然这个标量场Φ也是由物质场所引起的。不难想象，这个方程也能得出引力波的解。

我们随便一看，仅从数学形式上来说，BRANS-DICKE理论的方程就没有爱因斯坦方程简洁优美。还可以发现，爱因斯坦方程中引力常数G在BRANS-DICKE方程中被标量场Φ所取代，Φ是随着时空变化而变化的，也就是说BRANS-DICKE不再认为万有引力常数是一个常量，而是一个变量，这是它与广相的重大不同。

另外，BRANS-DICKE理论的方程中还蕴含了一个参数 ω，是所谓

"BRANS-DICKE耦合常数"，这是一个可调参数，而广义相对论中是没有可调参数的。这也是BRANS-DICKE理论的一个劣势，为什么呢？有一个可以调整的参数，当然容易和实验结果匹配，因为可以通过调整参数来调整计算结果。这样，BRANS-DICKE理论就难以证伪了。在科学中，越容易证伪的理论越有说服力。所以，虽然广义相对论和BRANS-DICKE理论都符合实验观测，但更容易证伪的广义相对论就更有优势。

但是，我这里要转折了，BRANS-DICKE理论是完全遵从爱因斯坦极度推崇的马赫原理的，而广义相对论却与马赫原理有冲突，这正是BRANS和DICKE二人对自己理论有信心的一个原因。

马赫原理，这是什么东西？俗话说，"万丈高楼平地起，"广义相对论也不例外，这座大厦的建立是基于好几个原理构建起来的。

三、广义相对论的基石

第一，广义相对论继承和推广了狭义相对论中的光速不变原理，就是说，光速不变在任何参考系中都是不变的。光速不变原理是整个相对论的核心基础，但由于其绝对性，具有极其容易证伪的特征（这也正是相对论非常科学的特点），一旦遭到任何实验结果的打击，整个相对论大厦将轰然倒塌，无论狭义还是广义。

第二，拓展了狭义相对性原理，悍然提出广义相对性原理，就是说，一切参照系都是平等的，物理定律在任何坐标系下的数学形式都是不变的，是所谓"广义协变性"。所以方程中就必须选择张量，因为只有张量不依赖于坐标系的选择，在任何参照系下具有相同的数学形式。

第三，等效原理。就是惯性力相当于真实的引力，当然是在很小很小的区域，惯性力与引力是等价的。这里就不展开了。

爱因斯坦建立广义相对论时，自认为还基于一个原理，那就是马赫原理，这是我们此番要重点讲的。

四、马赫原理

谁对爱因斯坦的思想影响最大？毫无疑问是马赫，甚至可以说，没有马赫就没有相对论。所以爱因斯坦私下说，公开也说：马赫是广义相对论的先驱。但马赫对这种说法非常生气，因为他不承认相对论。这到底是怎么一回事？还要从那只木桶说起，这回要说得更深入些。

1. 木桶实验

大家都知道，牛顿理论建立在绝对时空观的基础之上，也就是说：第一，时间是独立存在的，均匀流逝，没有起点也没有终点；第二，空间是独立存在的，不依赖于任何物体，宇宙万物即便都消失了，空间依然存在，也就是说空间也是绝对的；最后，时间与空间互不影响。

牛顿想证明绝对空间是存在的，于是他这样想：若果然有绝对空间的存在，就会有相对于绝对空间的运动，运动就可以叫绝对运动。若能证明某个运动是绝对运动，也就是说这个运动不依赖任何参照物，那不反过来就证明有绝对空间的存在了吗？

于是牛顿设计了一个实验，具体实验内容参见第五章第一节。最终的结论就是，牛顿通过这个实验证明绝对空间是存在的。

牛顿去世一百多年后，出现了另一个人物，名曰马赫，他一上来就批判牛顿对水桶的解释。马赫说：水桶实验并不能说明水桶是否相对于绝对空间的转动，而是反映水桶相对于整个宇宙天体是否有转动。

马赫的意思是这样的：水面变凹，并不是由于绝对转动引起的，而是由于宇宙间各种物质对桶里水的作用结果。无论水相对于宇宙间物质进行转动，还是宇宙间物质相对于水在转动，二者结果一定是一样的，因为水面都会变凹。所以，水面变凹只能证明水与宇宙之间其他物质之间有相对转动。

说到这里，我不得不感慨，一个破水桶，在马赫眼中就有了一个宇宙级的视角，这就是哲学家。

2. 爱因斯坦捧出马赫原理

当时还很年轻的爱因斯坦捧着马赫的著作，看到这个观点，受到极大的触动，对其佩服得五体投地既然爱因斯坦都如此膜拜马赫，那就让我们再好好感受一下马赫的思想。

这里先把惯性力简单一说。当你站在匀速直线运动的公交车上，与车保持相对静止，此刻你就想保持这个状态，这叫惯性。如果公交车司机突然踩刹车，也就是突然给车一个负的加速度，而你的身体正处于匀速运动的惯性状态，不想和车一同减速，后果就是你的身体会往前扑。谁也没有推你，是你的惯性给你一种错觉——似乎有一个推力，于是牛顿编造了一个名词——"惯性力"，它把你往前推。

此时我们明白，这个惯性力纯粹是假想的，其本质就是加速度，有加速度就会感受到惯性力。有加速度的参考系就是非惯性系，只有在非惯性系中才会有惯性力。但马赫对此非常不以为然，他认为加速度也是相对的，他对惯性力的产生有自己的一套说法。

马赫认为：所有一切都是相对的，所有的质量、速度、力都是相对的，这意味着加速度也是相对的。表面上看，桶里的水面出现凹形是惯性离心力造成的，牛顿认为只有相对于绝对空间的加速才会产生惯性力，那么相对于绝对空间的转动才会产生惯性离心力；但马赫认为，哪里有什么绝对空间，转动也是相对的，这个惯性离心力是水相对于整个宇宙物质转动的结果。

我们抛开水桶，再换一个例子理解一下。想象真空中有一团水，如果是静止的，会因为自身的引力而形成圆球体。如果它变成椭球体呢？牛顿就会说，一定是这个水球在转动，但真空中一无所有，它在相对谁转动呢？牛顿骄傲地说：它在相对绝对空间转动。但马赫对此会说，水球如果变椭圆了，意味着它在相对于宇宙中除水球外的所有物质在转动。如果宇宙中只有这个水球，别无它物呢？马赫会自豪地说：如果宇宙中只有这个水球，就不会有转动这个概念了，因为一切运动都是相对的，总不能做没有参照物的转动吧。

按马赫的说法，即便水球不动，宇宙其他所有天体围绕着水球转动，水球也会变椭圆、变扁，因为运动是相对的，宇宙其他天体绕着水球转，与水球相对于天体转是一回事。

更通俗地说，马赫认为，惯性力是全宇宙所有物质做相对加速运动时所产生的综合效应；因为天体之间的相对加速运动是引力造成的，所以惯性力的本质就是引力。

马赫的这种相对主义思想，对年轻的爱因斯坦影响极大。具体来说，马赫关于运动相对性的认识，促使爱因斯坦创建了狭义相对论；马赫关于惯性起源于物质之间相互作用的见解，又促使爱因斯坦迈向了广义相对论的研究方向。

一旦建立了广义相对论，爱因斯坦知恩图报，将马赫的思想总结为一个原理，并将之尊称为"马赫原理"。

马赫原理的具体内容是：在非惯性系中物体所受的惯性力不是"虚拟的"，而是一种引力的表现，它起源于加速物体与遥远星系的相互作用，是宇宙中其他物质对该物体的总作用；物体的惯性不是物体自身的属性，而是宇宙中其他物质作用的结果。

正是基于马赫原理，爱因斯坦在构建引力场方程之初，就设想方程的一端应是反映时空的曲率，另一端则反映物质和物质的运动。

3. 马赫拒绝相对论

看到这里，我们几乎可以认为，没有马赫就没有爱因斯坦创立广义相对论，甚至或许预言引力波的就不是爱因斯坦了。爱因斯坦强调马赫是广义相对论的先驱，一口咬定自己的广义相对论是与马赫原理一致的，但马赫对此非常不以为然。

想当初，爱因斯坦为了表达对马赫的崇高敬意，（在1913年）特地把他广义相对论的论文寄给马赫，并在附信中把马赫奉为自己理论的先驱，但马赫看完信后，竟然没有回复，而是在新著《物理光学原理》的序言中公开答复："有人说我是相对论的先驱，但我根本就不是，我根本就不承认现在的相对论。"

马赫咋这么"呛"呢？原来爱因斯坦的相对论并没有达到马赫所要求的

那种相对主义，因为相对论中还残留了一些绝对的东西。

马赫的相对化纲领要求用相对性术语定义所有绝对项，而广义相对论并没有达到马赫的这个要求。等效原理只能在局域保证惯性力场与引力场不可分辨，而在整体上还是可以分辨的，这样基于等效原理的广义相对论就没有真正达到惯性系和非惯性系在物理上的等价性，使得绝对加速度和绝对转动仍然有立足之处。难怪马赫对广义相对论很不满意。

数学家哥德尔后来的研究表明（就是搞出不完全性定理的哥德尔），绝对空间和绝对时间的幽灵的确仍然根植于广义相对论的理论内核之中。再后来的物理学家发现，广义相对论竟然在某种特殊情况下与马赫原理有抵触。现在想来，马赫是相当的老辣，他只是从大的角度发现广义相对论不合乎他的思想，没想到还真有抵触。

既然广义相对论与马赫原理有抵触，那谁是对的呢？一般人恐怕也难以判断。但有这样两个人，名叫 Brans 和 Dicke，他们俩就和当初的爱因斯坦一样，坚决相信马赫的思想。为了维护马赫原理，二人构建了一个新的引力理论——标量-张量理论，这个引力理论就是完全符合马赫原理的。这就是我们前文讲过的 BRANS-DICKE 标量-张量理论。

广义相对论和 BRANS-DICKE 理论到底谁更胜一筹，还有待实验的检验。

其实爱因斯坦对自己的广义相对论也产生过怀疑，而且就是在研究引力波时所产生的。如果严格按照等效原理，总可以选择适当的参考系，令所有引力场能量的分量为零。爱因斯坦自己在研究引力波时就在试图做这件事情，但没有成功。他的原话是这样说的："可以假设，总可以选择一个标架使引力场能量的各分量等于零，这是一个极有趣的问题。显而易见，一般来说这是不正确的。"

我们从中可以感受到爱因斯坦矛盾的心态；在有些物理学家看来，等效原理即便在局部也是不可能实现的。我在想，如果等效原理的确成立，那么在某个局部选择一个合适的参照系，就能把扑面而来的引力波消除掉。这真是匪夷所思啊。

五、总结

最后总结一下，关于引力的理论，目前有很多并行的理论，迄今为止，广义相对论是最成功的，但挑战者的实力不可小觑。尤其是广义相对论没有考虑时空扭曲，这使得广义相对论肯定是一个不完备的引力理论，只有将挠率纳入其中，才会得出更加完备的引力场方程。

听到这里，爱思考的朋友一定在想，即便把曲率和挠率都考虑进来，引力场方程就完善了吗？会不会还有别的率呢？如果谁要这样想，我就太高兴了，科学哪有止境？时空除了弯曲和扭曲，还会有什么"曲"呢？还会有憋屈，所以引力场方程应该考虑憋率。想当年为何有Big Bang（宇宙大爆炸）理论？就是憋率趋于无限大，实在憋不住了，宇宙心想："我干吗要活得这么憋屈，干脆爆了算了。"于是大爆炸，开始不断膨胀，所以憋率就不断减小，现在已经小到人类仪器感觉不出来的程度。

等到宇宙再次收缩的时候，憋率就会越来越明显，不信等着瞧。

7-1 很憋屈的宇宙